走马胎植株

走马胎叶

走马胎花

走马胎果

走马胎种子

走马胎茎

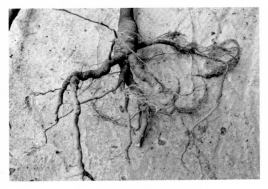

走马胎根

走马胎结胎

走马胎生境

走马胎野生植株

野外调查

根际土壤采集

种质资源圃一角

种质资源圃一角

广西壮族自治区中国科学院广西植物研究所组培中心

指导广东省罗定市龙湾镇组建组培中心

叶片诱导成芽

愈伤组织诱导成芽

胚轴诱导成芽

茎段腋芽诱导

继代增殖培养初期

继代增殖培养中期

继代增殖培养成苗

生根培养初期

组培苗根系

生根苗

大棚炼苗

组培苗移栽初期

组培苗移栽中期

组培苗出圃苗

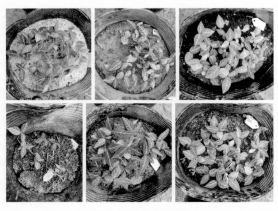

不同基质播种试验

育苗基地

育苗大棚

种子苗

组培苗

组培苗

平地种植

山地种植

山地种植

竹林 – 走马胎种植模式

樟树 – 走马胎种植模式

杉树 – 走马胎种植模式

松树 – 走马胎种植模式

龙眼 – 走马胎种植模式

杂木林 – 走马胎种植模式

种植技术指导

检查苗木生长情况

种植技术指导

暴雨后检查苗木生长情况

药品配制

培养基分装

接种

培养材料污染观测

组培苗移栽观测

组培苗移栽观测

开办栽培技术培训班

院士参观指导

成果被中央电视台报道

项目验收会

专家参观指导

走马胎盆景

走马胎盆景

证书号：2020JE03-01

荣誉证书

广西植物研究所：

你单位完成的"壮药走马胎种苗高效繁育及栽培技术集成创新与应用"项目荣获2020年度广西科学院科学技术奖二等奖。

特发此证，以资鼓励。

广西科学院

2021 年 6 月 10 日

证书号第 2248108 号

发明专利证书

发 明 名 称：一种利用走马胎幼芽胚轴快速繁殖其种苗的方法

发 明 人：唐凤鸾;黄宁珍;何金祥;赵健;毛世忠

专 利 号：ZL 2015 1 0065908.5

专利申请日：2015 年 02 月 07 日

专 利 权 人：广西壮族自治区中国科学院广西植物研究所

授权公告日：2016 年 09 月 28 日

　　本发明经过本局依照中华人民共和国专利法进行审查、决定授予专利权，颁发本证书并在专利登记簿上予以登记。专利权自授权公告之日起生效。

　　本专利的专利权期限为二十年、自申请日起算。专利权人应当依照专利法及其实施细则规定缴纳年费。本专利的年费应当在每年 02 月 07 日前缴纳。未按照规定缴纳年费的，专利权自应当缴纳年费期满之日起终止。

　　专利证书记载专利权登记时的法律状况。专利权的转移、质押、无效、终止、恢复和专利权人的姓名或名称、国籍、地址变更等事项记载在专利登记簿上。

局长
申长雨

2016 年 09 月 28 日

第 1 页 (共 1 页)

证书号第 10316687 号

实用新型专利证书

实用新型名称：组培接种工具冷却架

发 明 人：唐凤鸾;赵健;郭丽君;毛世忠;夏科;吴巧芬

专 利 号：ZL 2019 2 0852635.2

专利申请日：2019 年 06 月 06 日

专 利 权 人：广西壮族自治区中国科学院广西植物研究所

地 址：541006 广西壮族自治区桂林市雁山区雁山街 85 号

授权公告日：2020 年 04 月 17 日   授权公告号：CN 210328863 U

　　国家知识产权局依照中华人民共和国专利法经过初步审查，决定授予专利权，颁发实用新型专利证书并在专利登记簿上予以登记。专利权自授权公告之日起生效。专利权期限为十年，自申请日起算。

　　专利证书记载专利权登记时的法律状况。专利权的转移、质押、无效、终止、恢复和专利权人的姓名或名称、国籍、地址变更等事项记载在专利登记簿上。

局长
申长雨

2020 年 04 月 17 日

证书号第6213765号

发明专利证书

发 明 名 称：一种提高走马胎根系结胎的栽培方法

发 明 人：唐凤鸾;梁英艺;张喆;沈玉梅;赵健

专 利 号：ZL 2021 1 0922830.X

专利申请日：2021年08月12日

专 利 权 人：广西壮族自治区中国科学院广西植物研究所
广东省罗定市龙湾镇经济联合总社

地 址：541005 广西壮族自治区桂林市雁山区雁山街85号

授权公告日：2023年08月08日 授权公告号：CN 113519354 B

　　国家知识产权局依照中华人民共和国专利法进行审查，决定授予专利权，颁发发明专利证书并在专利登记簿上予以登记。专利权自授权公告之日起生效。专利权期限为二十年，自申请日起算。

　　专利证书记载专利权登记时的法律状况。专利权的转移、质押、无效、终止、恢复和专利权人的姓名或名称、国籍、地址变更等事项记载在专利登记簿上。

局长
申长雨

2023年08月08日

证书号第6366438号

发明专利证书

发 明 名 称：促进走马胎侧芽萌发的方法

发 明 人：唐凤鸾;赵健

专 利 号：ZL 2021 1 1552402.9

专利申请日：2021年12月17日

专 利 权 人：广西壮族自治区中国科学院广西植物研究所

地 址：541006 广西壮族自治区桂林市雁山区雁山街85号

授权公告日：2023年09月29日 授权公告号：CN 114365639 B

　　国家知识产权局依照中华人民共和国专利法进行审查，决定授予专利权，颁发发明专利证书并在专利登记簿上予以登记。专利权自授权公告之日起生效。专利权期限为二十年，自申请日起算。

　　专利证书记载专利权登记时的法律状况。专利权的转移、质押、无效、终止、恢复和专利权人的姓名或名称、国籍、地址变更等事项记载在专利登记簿上。

局长
申长雨

2023年09月29日

广西壮族自治区
科学技术成果登记证书

该项科学技术成果，经公告未见提出异议，准予登记。

登 记 号：201699252

成果名称：一种利用走马胎幼芽胚轴快速繁殖其种苗的方法

主要完成单位：广西壮族自治区中国科学院广西植物研究所

主要完成人员：唐凤鸾、黄宁珍、何金祥、赵 健、毛世忠

登记机构：广西壮族自治区科学技术情报研究所

发证日期： 2017 年 2 月 27 日

广西壮族自治区
科学技术成果登记证书

　　该项科学技术成果，经公告未见提出异议，准予登记。

登记号： 202025178

成果名称： 壮药走马胎的种苗繁育技术及质量标准研究

主要完成单位： 广西壮族自治区中国科学院广西植物研究所

主要完成人员： 唐凤鸾、赵　健、毛世忠、郭丽君、熊雅兰、韦宇静、夏　科、蒋巧媛、吴巧芬

登记机构： 广西壮族自治区科学技术情报研究所

发证日期： 2021 年 2 月 4 日

特色中药材走马胎高效栽培技术基础理论与应用

唐凤鸾　邹　蓉　徐德秀　主编

广西科学技术出版社
·南宁·

图书在版编目（CIP）数据

特色中药材走马胎高效栽培技术基础理论与应用 / 唐凤鸾，邹蓉，

徐德秀主编. —南宁：广西科学技术出版社，2024.2

ISBN 978-7-5551-2172-5

Ⅰ. ①特…　Ⅱ. ①唐…　②邹…　③徐…　Ⅲ. ①药用植物—栽培技

术—研究　Ⅳ. ①S567

中国国家版本馆CIP数据核字（2024）第111193号

TESE ZHONGYAOCAI ZOUMATAI GAOXIAO ZAIPEI JISHU JICHU LILUN YU YINGYONG

特色中药材走马胎高效栽培技术基础理论与应用

唐凤鸾　邹　蓉　徐德秀　主　编

责任编辑：吴桐林　　　　　　　　　　　装帧设计：梁　良
责任校对：冯　靖　　　　　　　　　　　责任印制：韦文印

出 版 人：梁　志　　　　　　　　　　　出版发行：广西科学技术出版社
社　　址：广西南宁市东葛路66号　　　　邮政编码：530023
网　　址：http://www.gxkjs.com

印　　刷：广西昭泰子隆彩印有限责任公司
开　　本：787 mm × 1092 mm　1/16
字　　数：190千字　　　　　　　　　　　印　　张：8　　插　页：8
版　　次：2024年2月第1版　　　　　　　印　　次：2024年2月第1次印刷
书　　号：ISBN 978-7-5551-2172-5
定　　价：98.00 元

编委会

————————————→ >>>>> <<<<< ←————————————

内容简介

　　走马胎为广西民间常用中药材，具有祛风壮骨、活血化瘀、消肿止痛、止血生肌等功效，常用于治疗类风湿性关节炎、筋骨疼痛、跌打损伤、产后瘀血、半身不遂、痈疽溃疡等。其在壮、瑶、苗等少数民族的医药体系及日常保健中亦占有重要地位，是 100 种经典壮药之一，也是瑶药"七十二风"的重要组成部分。本书以作者及其团队十多年来以特色中药材走马胎为研究对象取得的成果为基础，同时广泛收集走马胎的相关文献资料加以汇集整理编撰，详细总结走马胎的基源、与混淆品的区别、功效、化学成分、药理作用、临床应用、生物学特性、种苗繁殖和栽培技术等基础理论知识和技术。本书内容充实详尽，涉及技术先进实用，是目前第一本比较系统、完整的研究走马胎的专业图书，可供从事走马胎科研、生产、检验、医疗、教学、保护等方面工作的科研人员和基层工作人员参考使用。本书的出版，将对特色中药材走马胎的保护、高效栽培技术的推广和走马胎产业的可持续发展起到积极的推动作用。

前　言

　　中药材是我国浩瀚、悠久的传统医药文化的重要组成部分，历经几千年的沧桑变化和无数代人的传承与发扬，为中华民族的健康维系、文明延续做出了不朽的贡献。随着人们保健意识逐渐增强、人口老龄化趋势加剧、药品消费结构变化、动物及动物产品生产安全门槛提高、自然生态环境恶化，中药材在疾病预防与治疗及日常保健领域的应用对象已经从人类扩大到动物，中药材资源短缺与环境保护、中药材生产与市场需求的矛盾日益突出，中药材产业发展存在着巨大的空间和潜力。随着中医药事业的不断发展与进步，我国中医药事业日益受到重视，中药材作为中医药事业发展的物质基础和重要组成部分，对其展开深入研究有着重要意义。中药材规范化栽培是中医药产业发展的大趋势，有利于中药材原材料的质量控制，也是对野生中药材资源进行有效保护的必然选择。

　　走马胎（*Ardisia gigantifolia* Stapf）是紫金牛科紫金牛属常绿小灌木，具有祛风壮骨、活血化瘀、消肿止痛、止血生肌等功效，常用于治疗类风湿性关节炎、筋骨疼痛、跌打损伤、产后瘀血、半身不遂、痈疽溃疡等。走马胎为广西民间常用中药材，在壮、瑶、苗等少数民族的医药体系及日常保健中亦占有重要地位，是 100 种经典壮药之一，也是瑶药"七十二风"的重要组成部分，民间常有"两脚行不开，不离走马胎"之说。走马胎富含的三萜皂苷类化合物对宫颈癌细胞 HeLa 的抑制率高达 81.4%，对乳腺癌 MCF-7、肺癌 A549 等肿瘤细胞也具有明显的抑制作用；走马胎汤对类风湿性关节炎的治愈率高达93.33%，因此引起了国内众多医院、高校和科研机构的关注，成为我国民族新药开发的重要物种资源，具有良好的开发利用前景。

　　广西壮族自治区中国科学院广西植物研究所植物离体培养及种质培育研究科研团队长期从事走马胎研究工作，从资源调查、引种栽培、种苗繁育、光合生理及遗传多样性等领域对走马胎进行了较详细的研究。在以下 5 个方面取得了较好的创新成果：（1）对走马胎种质资源进行全面调查，查明了广西走马胎种质资源分布状况，在桂林建立了广西最大的走马胎种质资源圃。（2）攻克了走马胎组培苗工厂化生产的多项技术瓶颈，种苗生产实现规模化。发明专利"一种利用走马胎幼芽胚轴快速繁殖其种苗的方法"（专利号：ZL201510065908.5）获得国家授权，并实现转化。这些技术得到广泛应用，产生了良好的经济效益，有效促进了走马胎产业的发展。（3）对走马胎组培苗生产各环节进行创造性改进和规范，制定《走马胎组培苗生产技术操作规程》和《走马胎组培苗质量等级标准》2 项团体标准，填补了走马胎该领域的空白；在改进和规范过程中发明了防止走马胎接种污染的冷却装置，大幅降低了走马胎接种污染风险，加速了走马胎工厂

1

化育苗进程。实用新型专利"组培接种工具冷却架"（专利号：ZL201920852635.2）获得国家授权。（4）集成光照、水肥、病虫害防治、上层树种等生产技术，构建了一套走马胎高效栽培技术体系。特别是在促进走马胎结胎方面，通过施用生物有机肥、断主根、用添加了萘乙酸的促胎液蘸根、浅植、地表覆盖等简单操作，可使走马胎植株根系结胎率和结胎数分别提高到常规方法的 2.19～3.40 倍和 2.75～3.40 倍。发明专利"一种提高走马胎根系结胎的栽培方法"（专利号：ZL202110922830.X）获得国家授权，为建立走马胎商品生产基地提供技术支撑。建立了全国最大的走马胎栽培基地，推广种植走马胎 800 余亩[*]。（5）成果的推广应用为广东省罗定市龙湾镇成功申报并获得2019 年广东省农业农村厅"一村一品、一镇一业"南药专业镇、广东省罗定市龙湾镇棠棣村获得 2019 年农业农村部"一村一品"南药示范村和 2020 年广东省农业农村厅"一村一品、一镇一业"南药专业村做出了重要贡献。

本书主要以广西壮族自治区中国科学院广西植物研究所植物离体培养及种质培育研究科研团队关于中药材走马胎的研究成果为基础，同时广泛收集走马胎的相关文献资料加以汇集整理编撰而成，是目前第一本比较系统、完整的研究特色中药材走马胎的专业图书。本书可供从事走马胎科研、生产、检验、医疗、教学、保护等方面工作的科研人员和基层工作人员参考使用，将对走马胎的保护、高效栽培技术的推广和走马胎产业的可持续发展起到积极的推动作用。

研究工作得到了广西重点研发计划项目"壮药走马胎的种苗繁育技术及质量标准研究"（桂科 AB16380212）、广东省乡村振兴战略专项资金（"大专项＋任务清单"）项目"特色药用植物走马胎种苗繁育技术和规模化栽培技术的引进提升及示范"（2021020203）、广西壮族自治区中国科学院广西植物研究所基本业务费项目"两种抗癌植物的组织培养及种质离体保存技术研究"（桂植业 14018）等项目的支持。在此致以衷心的感谢！

本书是科研团队集体努力的结晶，是大家 10 多年来辛勤劳作的成果。由于作者水平有限，本书虽经多次审核，但疏漏和错误之处在所难免，恳请有关专家、同行批评指正。

---

[*] 亩为非法定计量单位，1 亩 ≈ 666.67 m²。

目　录

第一章　概述

中医药在我国已有数千年的发展历史，是我国人民长期同疾病作斗争所形成的丰富的经验总结，对于中华民族的繁荣昌盛有着巨大的贡献，中医药研究也备受瞩目。党的十八大以来，以习近平同志为核心的党中央高度重视中医药事业发展，把中医药工作摆在更加突出的位置，制定《中华人民共和国中医药法》等一系列重要法律法规和政策文件，召开全国中医药大会，为新时代传承创新发展中医药事业指明了方向。中药产业是我国的传统优势产业，历史悠久且经济效益好。尤其是近年来，中药在新冠肺炎的防治中表现亮眼，使得整个中药市场量价齐飞，供不应求。广西位于祖国南疆，处于热带向亚热带过渡的地理位置，独一无二的自然地理环境和地质构造孕育了丰富的中药材资源。广西是中药材资源大省，中药材生产和利用经验丰富，自古以来都是我国著名的道地药材产区之一。广西是一个多民族聚居的地区，长期以来形成了自己独特的医疗和保健体系。广西壮族自治区人民政府非常重视中药材产业的发展，相继颁布了《自治区党委　自治区人民政府关于促进中医药壮瑶医药传承创新发展的实施意见》（桂发〔2020〕9号）、《广西中医药壮瑶医药发展"十四五"规划》《促进全区中药材壮瑶药材产业高质量发展实施方案》和《广西中医药壮瑶医药振兴发展重大工程实施方案》等规划与方案，积极安排专项资金，加大技术支持，整合有关项目，加大对中药材产业的投入，将资源优势逐步转化为产业优势，不断提高"桂药"品牌影响力和竞争力，助力乡村振兴战略，有力推动了广西中药材产业的发展。

走马胎（*Ardisia gigantifolia* Stapf），别名马胎（广东）、山猪药（海南）、走马风（广西），是紫金牛科（Myrsinaceae）紫金牛属（*Ardisia*）常绿直立灌木，分布于我国广西、广东、云南、江西、福建及越南北部等地。据《纲目拾遗》《陆川本草》等医书记载，走马胎具有祛风壮骨、活血化瘀、消肿止痛、止血生肌等功效，通常用于治疗类风湿性关节炎，筋骨疼痛、跌打损伤、产后瘀血、半身不遂、痈疽溃疡等。走马胎是壮、瑶、苗等民族的常用药材，因疗效安全可靠而被收录进100种经典壮药中，并成为瑶药"七十二风"的重要组成部分，民间常有"两脚行不开，不离走马胎"之说。

现代医药研究证明，走马胎具有明显的抗癌、抗炎、抗氧化作用，已成为我国民族新药开发的重要物种资源。研究证明，走马胎富含三萜皂苷类（Gong et al., 2010；张晓明，2004）、岩白菜素衍生物类（张晓明，2004；封聚强等，2011）、挥发油（娄方明等，2010）等化合物，其中三萜皂苷类成分对肺癌细胞 A549、肝癌细胞 Bel-7402 和 HepG2、胃腺癌细胞 BGC-823、膀胱癌细胞 EJ、结肠腺癌细胞 LS180 等多种肿瘤细胞活性均具有很强的抑制作用（穆丽华等，2011；郑小丽等，2013；Mu et al., 2013；谷永杰等，

2014；陈超等，2015）。临床研究证明走马胎对类风湿性关节炎有很好的疗效，患者每日口服走马胎汤的治愈率高达 93.33%（戴卫波等，2018）。可见，走马胎在治疗癌症、类风湿等疑难杂症中疗效确切，开发利用前景好。如今走马胎的抗癌作用已受到多家医院、高校和科研机构的关注，中国人民解放军总医院穆丽华教授已连续多年从国家自然科学基金委员会获得有关走马胎三萜皂苷系列研究的项目基金。

走马胎除具有极高的药用价值外，还作为一种保健物质被广泛应用。我国西南地区人们在蒸炖食物时经常加入走马胎的根茎，可起到强身健体、提高免疫力的作用。走马胎枝叶是瑶族药浴的必备材料，用其煮水泡脚、洗澡可以消除疲劳和祛除体内湿气，达到保健或治疗的效果。在阴雨连绵、高温高湿的西南地区，走马胎为人们免除湿气困扰、强身健体立下了汗马功劳，具有良好的开发利用前景。

第一节　走马胎及其混淆品

走马胎被广泛应用于临床、食疗和保健领域，市场需求量大。由于过度采挖，其野生资源几近枯竭，走马胎货源紧缺，市场上出现了将多种其他植物的根或茎加工成饮片混充走马胎的现象。已报道的混淆品包括杜鹃花科植物羊踯躅（*Rhododendron molle*）的根、马鞭草科植物大青（*Clerodendrum cyrtophyllum*）的茎、茶茱萸科植物定心藤（*Mappianthus iodoides*）的根、紫金牛科植物瘤皮孔酸藤子（*Embelia scandens*）的干燥根等。为了更好地区别走马胎及其混淆品，现将各品种的性状特征进行归纳总结。

一、走马胎正品

走马胎为紫金牛科紫金牛属植物走马胎的干燥根茎。

（一）药材性状特征

本品呈不规则圆柱形，长短粗细不一，有分枝，弯曲不直，常膨大呈结节状或念珠状，直径 1～5 cm。表面灰褐色或棕褐色，有细密而明显或粗大的纵向皱缩纹，有的有较规则的节状横断纹（俗称"蛤蟆皮"）。去表皮可见红色小窝点（俗称"血星点"）。皮部较厚，易剥离，内表面淡黄色或淡棕色，现棕紫色网状或条纹状花纹。质地坚硬，不易折断，断面皮部淡紫红色，木质部白色，呈放射状。气清香，味微苦。

（二）根、茎、叶横切面显微结构特征

根木栓层为扁平长方形细胞数列，皮层细胞类圆形或扁圆形，分泌腔散在，呈不规则形或椭圆形，含有棕黄色分泌物质，韧皮部狭窄，凯氏带明显，木质部约占 2/3，导管单行径向放射状排列。茎木栓层为扁平长方形细胞数列，皮层细胞类圆形或扁圆形，

分泌腔呈椭圆形，散在，含有棕黄色分泌物质，韧皮部狭窄，凯氏带明显，木质部约占 2/3，导管放射状排列，髓部宽广。叶片两面表皮均含腺毛，中脉形状不规则，韧皮部狭窄，木质部导管 1 ～ 5 个单行径向排列。

（三）药材粉末显微结构特征

本品导管主要为具缘纹孔导管，直径 20 ～ 70 μm，长 210 ～ 780 μm。木纤维较细长，直径 12 ～ 36 μm，末端渐尖，偶有分叉，胞腔有的具横隔。木栓细胞表面观多角形，壁稍厚，有的壁一边较薄，另一边较厚。木薄壁细胞呈椭圆形，纹孔较少。分泌道多碎断，纵断面易见，分泌细胞含金黄色分泌物。

走马胎粉末棕黄色。淀粉粒圆形、类圆形或鸟嘴形。石细胞几个相聚或单个散在，棕黄色，类方形或不规则形。

走马胎植株

走马胎花

走马胎果

走马胎根

二、混淆品

（一）羊踯躅

羊踯躅为杜鹃花科（Ericaceae）杜鹃花属植物羊踯躅的干燥根。主治风寒湿痹、跌打损伤、痔漏、癣疮。有大毒，不能与走马胎混同使用。

1. 药材性状特征

本品呈不规则块片状，表面暗紫色，粗糙具纵皱纹。断面皮部较薄，无窝点，木质部浅黄色，不呈放射状。气微，味淡。

2. 药材粉末显微结构特征

本品导管主要为网纹导管，网孔较细密，直径 48 ～ 85 μm，长 320 ～ 700 μm。木纤维较细长，直径 14 ～ 34 μm，末端渐尖，不分叉，胞腔不具横隔。木栓细胞表面观多角形，壁较厚。木薄壁细胞呈长方形，纹孔大小不一。无分泌道。

羊踯躅植株　　　　　　　　　　　　　羊踯躅花

（二）大青

大青为马鞭草科（Verbenaceae）大青属植物大青的干燥茎。具有清热、泻火、利尿、凉血、解毒的功效。

1. 药材性状特征

本品茎呈不规则块片状，表面灰褐色，无纵皱纹，有黄色圆点状皮孔。断面皮部较薄，无窝点，木质部白色，不呈放射状。气微，味涩。不能与走马胎混同使用。

2. 显微结构特征

本品导管为网纹导管，网孔较大，直径 18 ～ 45 μm，长 280 ～ 730 μm。木纤维较细长，直径 11 ～ 28 μm，末端渐尖，不分叉，胞腔不具横隔。木栓细胞表面观多角形，壁较平，常数层重叠。木薄壁细胞呈类长方形，纹孔较稀。无分泌道。

大青植株　　　　　　　　　　　　　　　大青花

（三）红马胎

红马胎为紫金牛科酸藤子属植物瘤皮孔酸藤子的干燥根。具有舒筋活络、敛肺止咳的功效，主治痹症筋挛骨痛，《全国中草药汇编》载其可治疗风湿痹痛，《广西民族药简编》载其浸酒服用可治疗风湿骨痛。红马胎对类风湿性关节炎模型的炎症症状和炎症因子水平均能起到较好的改善作用，也具有较好的抗类风湿性关节炎的作用。可能因与走马胎在祛风湿、治疗类风湿性关节炎等方面均具有相同的疗效而易造成混用，但功效主治方面还是有差异，不能混用。

1. 药材性状特征

本品饮片为长椭圆形，直径 0.8 ～ 5.2 cm，表面棕红色，具纵皱纹，断面棕黄色至棕褐色，皮部较厚，中部具菊花心状放射纹理。质地坚硬，不易折断。气微，味淡。

2. 根、茎、叶横切面显微结构特征

根表皮细胞排列紧密，木栓层细胞数列，类圆形或多角形，轻微木栓化，皮层窄，韧皮部宽广，外侧常现裂隙，乳管群散在，内含黄棕色物，木质部导管多而密集。茎木栓层为数列扁平细胞，皮层窄，韧皮部宽广，外侧常现裂隙，木质部由导管、木纤维及薄壁细胞组成，木质部导管单个散在或数个相聚，呈放射状排列。叶两面无毛，中脉类圆形，表皮细胞壁增厚，细胞角质化，叶肉栅栏组织细胞 1 ～ 2 列，维管束外韧型，呈椭圆形，韧皮部较宽，木质部导管 1 ～ 6 个径向排列成 2 ～ 8 束。

3. 药材粉末显微结构特征

红马胎粉末棕黄色。淀粉粒类球形，单粒或复粒散在。石细胞淡黄色，类圆形、长方形或多角形。导管以网纹居多，亦有具缘纹孔导管。木栓细胞淡黄棕色，表面观类多角形，排列不整齐，垂周壁有波状弯曲。

瘤皮孔酸藤子花

瘤皮孔酸藤子果

（四）定心藤

定心藤别名黄马胎，为茶茱萸科（Icacinaceae）定心藤属植物定心藤的干燥藤茎。主治黄疸型肝炎、风湿痹痛、月经不调、跌打损伤。本品虽称黄马胎，但性味、功能与走马胎均有所不同，故不能混用。

1. 药材性状

茎（老茎）呈圆柱形，直径 1.5～5.0 cm；外皮表面呈灰绿色至灰褐色，具不规则细纵裂纹及灰白色至灰棕色的圆点状突起的皮孔；质坚硬，不易折断；断面皮部厚 1～5 mm，棕黄色或棕色，显颗粒性，木质部淡黄色至橙黄色，具放射状纹理和密集小孔，髓部小，灰白色。气微，味淡，微涩。

2. 显微结构特征

表皮细胞 1 列，外壁略增厚，具单细胞非腺毛。皮层为 10 余列类圆形或椭圆形细胞，壁略增厚微弯曲，含淡黄棕色物质。皮层外侧近表皮层处有石细胞 2～3 列断续列成环带。皮层内有石细胞单个散在或 2～5 个相聚。韧皮外部纤维 2 个至 10 余个成群断续列成环状，淡黄色，壁较厚，层纹明显，微木化，周围有石细胞群相伴，石细胞壁稍薄，孔沟明显，木化。髓射线分割成的 10 余个外韧式维管束，韧皮部有纤维束及少数石细胞

定心藤植株

定心藤茎叶

散在，韧皮纤维淡黄色，1～2列作切向排列，壁薄而弯曲，不木化。形成层细胞为2～3列切向延长的长方形细胞。木质部由导管、木纤维及少数木薄壁细胞组成，导管多单个作径向排列，木射线1～2列，含棕黄色物质。髓射线2列至10余列，有石细胞单个散在或2个至10余个相聚，髓部薄壁细胞具单纹孔。皮层、韧皮部及髓射线薄壁细胞含有草酸钙方晶（周丽娜等，2002）。

（五）朱砂根

朱砂根为紫金牛科紫金牛属植物朱砂根（*Ardisia crenata*）或山血丹（*Ardisia lindleyana*）的根。与走马胎虽为同科属植物，但功效有所区别。朱砂根具有解毒消肿、活血止痛、祛风除湿的功效，主治咽喉肿痛、风湿痹痛、跌打损伤。性状方面，朱砂根的根茎比走马胎的小，中间有木心，质硬，皮部厚，外侧有紫红色斑点散在，俗称"朱砂点"，与走马胎皮部的"血点"不同，应注意区别。

（六）其他

另外，也有将紫金牛属其他植物与走马胎混用的情况，如紫金牛（*Ardisia japonica*）和虎舌红（*Ardisia mamillata*），但这些种的植物体均较小，主根均不及走马胎粗壮，较易区别。

朱砂根植株

朱砂根叶

朱砂根果

朱砂根根

紫金牛

虎舌红

第二节　走马胎本草考证

　　走马胎最早见于清代何克谏所撰《生草药性备要》（约1717年），载曰："（走马胎）味劫辛，性温。祛风痰，除酒病，治走马风。"书中虽提及功效，但未载产地、形态。清代赵学敏《本草纲目拾遗》（1765年）载曰："走马胎，出粤东龙门县南困山中，属庙子角巡司所辖。山大数百里，多低槽，深峻岩穴，皆藏虎豹，药产虎穴，形如柴根，干者内白，嗅之清香，研之腻细如粉，喷座幽香，颇甜净袭人。研粉敷痛疽，长肌化毒，收口如神。"清代赵其光所著《本草求原》（1848年）载曰："（走马胎）壮筋骨，已劳倦。"民国时期萧步丹著《岭南采药录》（1932年）载曰："（走马胎）产龙门县，形如柴根，干者内白，嗅之清香，研之腻细如粉。研粉傅疮疽，长肌化毒收口如神。一说，味辛，性温。壮筋骨，祛风祛湿，除酒病，治走马风，理跌打伤，止痛，治四肢疼痛，俱水煎服。"以上记载均未载原植物形态，但所载产地、生境、药材性状及功效分析，均与广东省惠州市龙门县等地用作跌打损伤和疮疡要药的走马胎相符。走马胎作为两广地区清代以来的习惯用药，用法至今亦多为研粉外敷。《龙门民间草药》亦载有走马胎，载其叶腹面红背面青，生长于深山山沟，功效为祛风湿消肿痛，用根配酒服用治疗风湿痹痛，可舒筋活络；并附走马胎图，与现今走马胎一致。

　　药性方面，历代本草载其性味辛温，具有活血化瘀的功效，而近代本草认为其性味辛苦温，多侧重载其在祛风湿方面的功效，但广西、广东两地的中药材标准仍以古本草所载辛温性味收载。药用沿革方面，从古至今均载走马胎具有祛风除湿、活血化瘀的功效。现代本草新增走马胎叶入药，认为其外用可治疮疖肿痛、下肢溃疡、跌打扭伤，内服可治妇科产后内风等症。有书籍记载孕妇忌用，可能出于其在活血化瘀方面药效较强的考虑，使用时应注意。

第三节 走马胎性味、功能与主治

一、性味考证

走马胎性味辛温，历代本草所载基本一致，如《生草药性备要》《岭南采药录》《山草药指南》均载其为辛温，《本草求原》载其为辛涩微温。辛能散能行，这与其所载功效为活血祛瘀有关。《陆川本草》载其为甘平，差异最大。现代本草所载中多增加苦味，如《广西中药志》载其为辛、微苦，《中药大辞典》《中华本草》载其为苦、微辛，《中药材商品规格质量鉴别》载其为辛、苦。苦能燥湿，这可能与近代本草中增加其有祛风湿的功效有关。

二、药用历史考证

（一）历代本草的药用记载

《生草药性备要》载走马胎"祛风痰，除酒病，治走马风"。《本草纲目拾遗》载："研粉敷痛疽，长肌化毒，收口如神。"《本草求原》载："壮筋骨，已劳倦，远行宜食。"《岭南采药录》载："理跌打伤，止痛，治四肢疼痛。"《陆川本草》载："祛风湿，治风湿骨痛，风瘫鹤膝。"《山草药指南》载其"治跌打伤，止痛，并治四肢疼痛""性温，气香，取根研磨敷疮，生肌化毒，收口如神"。由此可见，古本草应用走马胎治疗跌打损伤、痛疽疮疡、风湿骨痛等症。

（二）现代本草的功效记载

《龙门民间草药》载走马胎"祛风湿消肿痛"，主治"风湿痹痛"，可"舒筋活络"。《广西中药志》载："活血行血。治产后血瘀。"《广东中药志》载："（治疗）产后血瘀腹痛。"《潮汕青草药彩色全书》载其叶"外用治扭伤、痛疖肿毒、慢性溃疡"。《彩图中国百草良方》载："祛风活血，消肿止痛，根主治风湿性关节炎、腰腿痛、跌打肿痛、疮疡等症。叶外用治扭伤、痛疖肿毒、慢性溃疡。"并载单用叶煎服治疗产妇月内风，外用治疮疖肿痛。《民间医药秘诀》载走马胎可祛风活络、活血散瘀。根煎水服治疗产后风瘫、半身不遂；叶煎水服治疗崩漏。《临床实用中药》载走马胎可祛风湿、壮筋骨，治风湿脚肿脚痛，消肿止痛活络，理跌打。《中国植物志》载走马胎具有消除疲劳、活血、行血等功效，根茎及全株用于祛风补血、活血散瘀、消肿止痛，外敷治痛疖溃烂。《广西中药材标准》载："祛风湿，壮筋骨，活血祛瘀。用于风湿筋骨疼痛，跌打损伤，产后血瘀，痛疽溃疡。"《广东省中药材标准》载："祛风除湿，活血化瘀。用于风湿痹痛，跌打损伤，产后血瘀腹痛，痛疽疮疡。"由此可见，现代对走马胎功效的认识基本延续

9

自古本草，认为其具有很好的祛风除湿、活血化瘀的功效，在祛风湿、治疗跌打损伤、消肿止痛等方面均有很好的应用。新增走马胎叶入药，认为走马胎叶外用可治疮疖肿痛、下肢溃疡、跌打扭伤，内服可治妇科产后内风等症。

（三）用药禁忌的记载

走马胎在历代本草及《广西中药材标准》《广东省中药材标准》等书籍中均未载有用药禁忌。而2000年出版的《彩图中国百草良方》及2002年出版的《潮汕青草药彩色全书》中记载："孕妇忌服。"《广东中兽医常用草药》亦载走马胎妊畜忌用。孕妇忌服是指对孕妇或胎儿有一定或选择性的毒副作用，导致胎儿畸形或流产等，不能服用。本品在历代本草中均未载其毒性，应是无毒性。不过本品可作理血剂使用，有一定的活血化瘀功效。活血功效会否引发流产尚有待探讨，目前虽未见有关研究报道，但仍需引起注意。

三、功能与主治考证

走马胎在中医领域可祛风湿，壮筋骨，活血祛瘀，用于治疗风湿筋骨疼痛、跌打损伤、产后血瘀、痈疽溃疡等。在壮医领域可祛风毒，除湿毒，祛瘀止痛，调龙路火路，治疗发旺（风湿骨痛）、麻邦（半身不遂）、林得叮相（跌打损伤）、呗农（痈疮）、勒爷顽瓦（小儿麻痹后遗症）、月经不调、下肢溃疡、兵淋勒（崩漏）等。

第四节　走马胎生产存在的主要问题及发展对策

一、走马胎生产存在的主要问题

虽然走马胎具有重要的药用价值、经济价值和观赏价值，有较好的发展前景，但我国在走马胎的生产上仍存在诸多问题。

（1）药材市场的走马胎主要为野生资源。目前野生资源分布零散，资源少，产量不稳定且资源状况不清楚。

（2）过度采挖使走马胎野生资源日益匮乏。为使走马胎资源得到有效保护及可持续利用，急需开展人工引种驯化、优良品种选育、繁殖和栽培技术研究。

（3）种子、种苗供应严重缺乏，已成为走马胎产业发展的主要制约因素。

以上因素严重阻碍我国走马胎产业的发展。

二、走马胎产业发展对策

（一）开展走马胎资源调查，摸清走马胎家底

开展野外走马胎资源调查，了解和掌握走马胎的种类、地理分布、资源状况、贮藏量、生境条件、功能性价值和利用情况等，为合理、充分开发利用走马胎资源提供科学依据。收集各地理分布及生态环境的种苗和繁殖材料，建立种质圃，迁地保护走马胎种质资源。在种质圃内进行周年生物学特性观察，记录其植物性状、物候期、开花结果和生长特性等。

（二）开展走马胎种苗繁殖研究

近年来，随着走马胎功能被不断发掘及城市药浴、足疗市场的日益繁荣，走马胎市场需求量急增，野生资源随之遭到毁灭性破坏，濒临灭绝。为了满足市场需求，大量药农、医药企业和林场开始人工种植走马胎，但前期资源储备不足，加上野生资源匮乏，造成种子、种苗供应严重缺乏，进而制约走马胎产业的发展。走马胎植株比较特殊，顶端优势非常明显，一年只有一条主枝生长而没有侧枝分化生长，即使剪掉主枝顶芽，也只能从剪口下方萌发 1 个侧芽，极少见萌发 2 个芽，需要大量插穗材料的扦插育苗方法显然不适合走马胎。同时，走马胎开花坐果率不到 5%，多数情况下得不到种子，而且种子萌发时间长，通常 10 月采收的种子要到翌年 6～7 月才能萌发。目前，植物组织培养作为一种成熟的种苗生产方式，已被广泛应用于各类经济植物、濒危植物的种苗规模化生产。组织培养具有用材少、繁殖速度快等特点，能够很好地解决走马胎种苗生产中存在的问题。不过，要开展走马胎种苗工厂化生产，彻底解决栽培种苗供应问题，还有许多技术问题需要解决和改进。

（三）开展走马胎引种驯化研究

引种驯化（introduction and taming of plant）是指通过人工栽培、自然选择和人工选择，使野生植物适应本地的自然环境和栽种条件，成为生产或观赏需要的本地植物。引种驯化内容包括其适应性、生物学特性、繁殖技术（播种繁殖、扦插繁殖和组培繁殖）、人工栽培技术等，为人工建立商品化生产基地提供技术支撑。

（四）优良种质筛选，开展走马胎良种选育工作

在进行走马胎种质资源调查的基础上，对走马胎的不同分布区域、不同类型、活性成分（三萜皂苷类、岩白菜素衍生物类）、营养成分、生长量的差异等因素进行观察、测定和分析，筛选出适应性好、产量高、活性成分含量高的优良品种，为走马胎高产高效栽培提供良种和技术。

（五）制定完善的质量评价体系

质量评价是提高产品质量的基础。质量包括种苗质量和中药材质量。种苗质量可采用以下方法制定标准：分别测量种苗的地径、株高、冠幅、根粗、根长、根数、全株干重、地上部分干重、地下部分干重等 9 个生长量指标，其中冠幅为东西和南北方向宽度的平均值，根粗为最大根粗，根长为最大根长，根数为一级侧根数。运用 Excel 2003 和 SPSS 19.0 对种苗数据进行统计分析。先经相关分析确定质量指标，再采用聚类分析的方法进行分级，进而制定科学合理的走马胎种苗质量分级标准。中药材质量可采用测定不同产地、不同类型或品种的三萜皂苷类、岩白菜素衍生物类等活性成分。通过生长量、活性成分等综合因子制定完善走马胎的质量评价体系。

第五节　走马胎市场动态及应用前景

走马胎是我国民族药新药开发领域的重要物种资源。目前市面上所销售的走马胎药材均来源于野生资源，经过多年采挖，其野生资源蕴藏量逐渐减少，部分原分布区已经很难再见其踪影。近年来，走马胎需求量不断增加，但市场上以零星货源为主，常出现货源紧缺现象，致使走马胎市场价格不断走高，已从 2008 年的 2.5 元/kg 上升至 2020 年的 7.5 ～ 25 元/kg。货源的紧缺，加上价格的看涨，使得市面上开始出现以杜鹃花科植物羊踯躅和马鞭草科植物大青等混充走马胎进行销售的情况，严重影响走马胎中药饮片的安全性和有效性。自 2005 年以来，本书编撰人员对走马胎的资源状况、市场变化等开展持续调查研究，发现随着走马胎功能被不断发掘及城市药浴、足疗市场的日益繁荣，走马胎市场需求量急增。然而，目前市场上的走马胎多为野生资源，在巨大利益驱动下人们开始采取掠夺式采挖，导致走马胎资源受破坏严重，已濒临灭绝。本书编撰人员调查发现，曾经走马胎资源丰富的广西，现在从桂北的猫儿山至桂西南的那坡、靖西都很难见到走马胎的踪影（毛世忠等，2010、2016）。这一现象也出现在同为原产地的广东（魏蓉等，2018）、江西（鲍海鸥，2011）等地。市场表现为，2000 年靖西药市走马胎上市量达到数千千克，到 2005 年降至 1000 ～ 2000 kg，2009 年只有几百千克；带枝叶的走马胎鲜品价格也从每 500 g 0.2 ～ 0.3 元涨到 2.0 ～ 2.5 元，10 年的时间涨了近十倍，而一株长有胎的走马胎植株售价高至 120 ～ 180 元。

走马胎零星分布于我国华南地区至东南亚局部地区，由于其良好的功效，野生资源被采挖严重，几近枯竭。据在广西靖西端午药市、恭城端午药市及各自然保护区多年的实地调查可知，走马胎野生资源已濒临灭绝。鉴于走马胎巨大的经济效益和市场需求，大量药农、医药企业和林场开始人工种植。地方政府也将走马胎与国家精准扶贫政策相结合，将其作为林下药材大力发展。但前期资源储备不足，加上野生资源匮乏，造成种子、种苗供应严重不足，市场上甚至出现了天价种子，2014 年每 500 g 走马胎种子（实际是带果皮、果肉的浆果）售价为 800 ～ 1000 元。目前，走马胎越来越受到人们的关注，随着对走马胎的研究和应用更加广泛和深入，中药材走马胎将会有广阔的应用前景。

第六节　走马胎研究现状

一、走马胎资源研究

走马胎广泛分布于我国福建、广东、广西、贵州、海南、江西、云南等省（区），印度尼西亚、马来西亚、泰国、越南亦有分布。目前针对走马胎野生资源的研究非常少，仅有毛世忠、鲍海鸥和魏蓉等对广西、江西和广东的走马胎资源进行了简要报道。人们发现曾经随处可见的走马胎现已很难见到，而对其详细的分布情况和资源存量尚不甚清楚。

根据《广西植物志》和《广西植物名录》等记载，走马胎资源广泛分布于阳朔、永福、龙胜、蒙山、象州、平南、马山、扶绥、上思、隆安、凌云、乐业及大苗山、大瑶山、十万大山等地，生于海拔 1300 m 以下的山谷、山坡、常绿阔叶林下、灌木丛中或阴湿处。毛世忠等（2010）在开展广西紫金牛属药用植物资源调查时，发现广西的走马胎资源减少速度惊人，20 世纪 90 年代广西靖西药市每年有数千千克走马胎上市销售，2005 年后每年只有 1000 ～ 2000 kg，2009 年更是降至 500 kg 以下。2010 年调查时，从桂北的猫儿山到桂西南的那坡、靖西都很难找到走马胎的踪影，偶尔找到的 1 ～ 2 株也是只有约 50 cm 高的小苗。鲍海鸥等（2011）在江西紫金牛属植物资源调查中指出，走马胎在江西的分布仅见于武夷山、井冈山、官山、九连山等地，种群数量有限，分布范围极为狭窄，野生资源匮乏。相似情况也出现在广东，据魏蓉报道，多年的野外调查中很少发现走马胎，仅在韶关有小片走马胎遗留。

为了尽快落实走马胎野生资源保护方案，首先需开展详细的资源调查，摸清走马胎的分布状况、资源总量。其次应加强集中分布区生境保护，天然阔叶林是维持走马胎生长发育所需光照和空气湿度条件的重要因素，各级林业部门应加强对天然阔叶林的管理，防止各种对天然阔叶林的肆意破坏。最后依托植物园、药用植物园等建立走马胎种质资源圃并开展迁地保护研究，再通过扩大繁殖让其回归自然，保持种群的稳定性，避免遭受灭绝风险。

二、走马胎种苗繁殖及栽培技术研究

走马胎野生资源临近枯竭，已不能满足市场需求，因此人工栽培技术发展迅速，有关其研究也从化学成分、药理作用和资源调查领域延伸至繁殖栽培领域。目前，针对走马胎的繁殖研究主要集中在组培苗上，对种子和扦插育苗的研究相对缺乏，而栽培研究

则多集中于走马胎的生长环境、立地条件和水分管理等方面，对其采后加工和病虫害管理的研究不足。我们查阅了国内外有关走马胎种苗繁殖和栽培的文献资料，对其进行归纳总结，并结合自身的研究经验对目前走马胎种苗繁殖和栽培中存在的问题进行分析与讨论，探讨其未来研究的方向，以期为走马胎药材的生产和进一步研究提供参考。

（一）走马胎繁殖技术

1. 种子繁殖

走马胎种子容易萌发，但从采种到萌发所需时间较长。根据走马胎的生物学和生态学特性，可以选择土壤肥沃、水源充足、透光度为20%左右的林地或人工搭建遮阳网等方式进行播种。走马胎需水、肥量大，播种后应根据实际情况及时淋水和追肥，施肥原则为少量多次，并以水肥为主。

走马胎虽然花量繁多，但是存在严重的落花落果现象，自然条件下获得成熟种子的数量非常有限，因此无法采用播种方法进行大规模种苗繁殖。

2. 扦插繁殖

走马胎扦插繁殖可分两步完成，即先将插穗在沙床诱导生根，然后移栽到基质营养较丰富的营养杯中培育成壮苗。扦插基质为河沙，苗床透光度为20%左右；插穗选用健壮且木质化的新枝，苗床需要覆盖薄膜保持空气和基质湿润，生根后去掉薄膜。壮苗基质为园土＋泥炭＋珍珠岩（体积比为2∶1∶1）的混合基质，并使用高锰酸钾溶液或多菌灵溶液消毒，注意苗期水肥管理。

由于强烈的顶端优势，走马胎植株单枝直立无侧枝生长，能够提供插穗的材料非常有限。因此，需要大量插穗的扦插繁殖方法很少应用于走马胎种苗生产。

3. 组织培养

走马胎组织培养技术较成熟，现已有培养材料、繁殖途径、培养基及培养方法等多方面的研究报道，并已应用于规模化生产。

（1）培养材料。

①走马胎组织培养的外植体及启动材料。通常茎尖、根尖、茎段、叶片、种子等再生能力较强的组织器官均能作为植物组织培养的启动材料。但在实际操作中，由于物种、组织器官、生长环境及取材时间不同，外植体的消毒灭菌效果存在巨大差异，并对后期培养产生较大影响。走马胎生长于阴湿环境中，植株表面微生物丰富且对乙醇、$HgCl_2$等消毒药剂非常敏感，茎尖、根尖、叶片等幼嫩组织极易受到药剂伤害。因此，在走马胎组织培养时通常以腋芽尚未萌动的带节茎段为外植体进行消毒灭菌，再以腋芽萌发形成的幼嫩叶片、茎段为启动材料进行培养，可以取得较好效果。

②走马胎组织培养的继代增殖和生根材料。不同来源的材料对走马胎芽的继代增殖、生根诱导及移栽的影响显著，其中腋芽的增殖和生根效果最好，其次为叶片诱导形成的

不定芽；生根材料是否带叶会极显著地影响生根率，但对根数和根长的影响不明显。值得一提的是带叶茎段的生根率可达 88.95%，且种苗质量、移栽效果与顶芽相似，因此在实际生产中可将较高的芽剪成符合要求的顶芽和带叶茎段进行生根培养，从而提高材料的利用率。

（2）培养方法。

①以叶片为启动材料的培养方法。符运柳等以走马胎幼嫩叶片为启动材料，诱导产生愈伤组织再分化出不定芽，不定芽壮苗培养后生根获得再生植株。具体方法如下：将走马胎幼嫩叶片灭菌后，分别在 MS+1.0 mg/L 6- 苄氨基嘌呤（6-BA）+1.0 mg/L 萘乙酸（NAA）和 MS+2.0 mg/L 6-BA+0.1 mg/L NAA 培养基上诱导愈伤组织和不定芽并增殖，不定芽在 MS+0.5 mg/L 6-BA+0.1 mg/L NAA+10% 椰子水上壮苗培养，然后用MS+0.1 mg/L NAA+1.0 mg/L 吲哚丁酸（IBA）诱导生根。

②以茎段为启动材料的培养方法。以幼嫩茎段为启动材料，通过腋芽或不定芽方式进行走马胎组织培养的报道较多，研究全面且较深入，技术也较成熟，但各报道的方法和效果存在一定差异。唐凤鸾等（2019）采用 6～7 cm 的长枝进行消毒，而王强等和蔡时可等则是将枝条切成单芽茎段后才消毒，在消毒过程中需要特别注意消毒剂浓度和处理时间，否则极易杀伤材料并影响后期培养。唐凤鸾等（2019）发现含 6-BA、玉米素（ZT）、NAA 的 MS 培养基有利于走马胎腋芽诱导和增殖，而含激动素（KT）的培养基不仅诱导率低，而且形成的腋芽生长不良影响后期培养。王强等认为基本培养基WPM 较 MS 更利于走马胎腋芽萌发，在 WPM 中添加 6- 苄氨基嘌呤（BAP）、NAA、2, 4-二氯苯氧乙酸（2, 4-D）可有效促进走马胎腋芽诱导和增殖。蔡时可等采用改良 MS 为基本培养基，添加 6-BA、KT、IBA 为走马胎腋芽诱导和增殖培养基。文献中有关走马胎生根培养的激素使用较为一致，均为 NAA 与 IBA 组合，但应用浓度存在较大差异。此外，唐凤鸾等还研究了 6-BA、ZT、NAA 对走马胎芽增殖培养的影响，发现 6-BA 可显著影响芽高和增殖系数，在走马胎腋芽增殖培养中起主导作用。王强等研究了有机添加物对走马胎组织培养的影响，指出加入蛋白胨、椰汁、香蕉等物质均有壮芽的效果，其中香蕉的效果最佳。

走马胎组织培养繁殖途径有未经过脱分化的腋芽增殖方式和经过脱分化形成愈伤组织及不定芽的增殖方式。研究发现，与未经过脱分化的腋芽增殖方式相比，采用经过脱分化形成愈伤组织进行繁殖的方式更容易导致变异的发生，难以保持母体的优良性状。因此，在进行种苗规模化生产时采用腋芽增殖方式更能保证苗木的质量。

（二）走马胎栽培技术

走马胎是一种典型的阴生植物，具有非常特殊的生物学特征，对生长环境中光照、水分和土壤的要求较高。

1. 光照环境

光是植物进行光合作用的主要能源，它不仅关系到植株的生长发育，还会影响活性成分的积累。毛世忠等（2016）研究透光度为 4.0%～20.2% 的光照条件对走马胎生长及光合特性的影响，认为透光度为 20.2% 的光照环境最适合走马胎生长。周泽建（2020）的研究结果也说明在相对光照强度为 20% 的低弱光条件下，走马胎产量最高；100%～400% 的中高光照强度会抑制走马胎植株生长，降低其产量；同时，走马胎活性成分（岩白菜素、百两金皂苷 A、总皂苷、总生物碱）含量随光照强度的减弱而呈上升趋势。光照强度对活性成分积累的影响跟植物器官有关，10%～20% 的透光度有利于走马胎根系皂苷和生物量的积累，30%～40% 的透光度则更有利于茎叶皂苷的积累。光质也可明显影响植物的生长发育和活性成分的积累。周泽建（2020）发现经白光处理的走马胎活性成分含量最大，药材质量最好。另外，红光：蓝光 =2：1 的条件最有利于走马胎苗木品质及活性成分含量的提高，并能缩短培育周期。因此，为提高走马胎的栽培效率应选择或营造 20% 透光度的自然光照环境种植，幼苗期可使用红光：蓝光 =2：1 的条件进行培养。

2. 水分管理

走马胎对水分要求较高，在栽培时应选择离水源近、水量充足或灌溉条件完善的地块。走马胎水分控制研究发现，当土壤相对含水量为 50%～100% 时，降低含水量有利于根生物量和皂苷的积累，提高含水量则有利于茎生物量的积累；当以根、叶作为主要采收对象时，土壤含水量应控制在 70%～80%；以茎为主要采收对象时，土壤含水量则应控制在 90%～100%。因此，栽培时应根据天气情况和培养目的科学管理水分，提高走马胎药材的产量和品质。

3. 土壤

走马胎性喜有机质丰富、疏松、排水良好的酸性土壤，如广西恭城县平安乡走马胎基地的土壤 pH 值为 5.7。土壤有效 P 和交换性 K 可能是限制走马胎生长的关键因子；根中皂苷含量与土壤中全 N、全 P、有效 P、有效 Cu、有效 Zn、全 Mg 和全 Fe 含量呈极显著正相关，茎、叶中总皂苷含量与有机质、交换性 Mg、全 Ca 含量呈极显著正相关。进一步研究发现，全 P、有效 P、全 K 和有效 K 的含量对走马胎总皂苷含量影响最大。因此，在走马胎栽培中应根据实际情况加强 P、K 营养管理。

4. 林地选择

走马胎为阴生植物，是发展林下经济的优良物种，透光度为 20% 的光照环境最适合其生长。但在研究中发现，走马胎在酸枣林、桉树林下生长不良或无法生长，在桂花林、竹林、杉木林、樟树林下生长良好。落叶水提取液化感试验证明，尾叶桉（*Eucalyptus urophylla*）能显著抑制走马胎植株生长，降低生物量，表现出很强的负化感效应；湿地松（*Pinus elliottii*）对走马胎地下部分干重和生物量及杉木（*Cunninghamia lanceolata*）对走马胎幼苗生长均呈现出低浓度促进、高浓度抑制的双浓度效应。因此，在发展走马胎林下种植时要充分研究上层树种对其生长发育及药材品质的影响，选择适合的林地。

5. 病虫管理

走马胎幼苗期病害较少，主要为地老虎、根结线虫等地下害虫。地老虎在气温14～26℃、相对湿度80%～90%的3～4月和8～10月为害严重。根结线虫在土温25～30℃、相对湿度40%～70%时繁殖快，为害严重。防治方法以综合防治为主，化学防治为辅。走马胎成年植株的主要病害有青枯病、褐斑病，其中高温、高湿环境容易发病，5～7月为高发期。综合防治主要做好土壤消毒处理，及时排水防止内涝，发现病株及时清除，并用生石灰或高锰酸钾对病穴进行消毒，加强通风透气等。

6. 采收

走马胎的根、茎、叶均有较好的药用和保健功能，在栽培中应根据不同的药用部位和用途进行区别采收，尽量保证走马胎产品的产量和品质。唐凤鸾等研究认为走马胎最佳药用部分为根系，栽培3～4年采收比较合适。走马胎活性成分含量随季节变化存在较大差异，最佳采收时期为10月底。这与走马胎传统的采集时间和使用习惯相符，说明少数民族关于走马胎的传统采药知识具有一定的合理性。

（三）展望

走马胎的栽培历史较短，有关其种苗繁殖和栽培技术的研究相对欠缺，且不平衡。在种苗繁殖领域，仅对其扦插和组织培养进行了专题报道，并多集中于后者，尚未有种子繁殖的系统报道。利用组织培养生产种苗具有速度快、不受季节干扰等优势，但也存在前期投入大、生产成本高、技术要求高等问题。根据走马胎花量大、种子易萌发的特点，针对落花落果严重导致产种量低的问题，今后可对其开花和结实进行深入研究，解决走马胎易落花落果的生理生态因素，提高种子产量。如药农在栽培中能获得大量种子，若能自己培育幼苗进行种植，则能减少种苗投入，降低成本，增加山区群众的收入，促进乡村振兴。

在栽培领域，已有文献对走马胎生长的光照环境、上层树种对幼苗的化感作用、土壤对药材质量的影响、栽培年限与其活性成分积累及叶片营养等进行了报道。经归纳总结发现，现有研究的范围过于狭窄，且未有能够系统指导生产的技术体系。如走马胎是典型的阴生植物，多用于发展林下经济，但文献仅研究了桉树、松树、杉树对其的化感作用，对于其他树种未作研究。今后可加强走马胎地块上层树种选择、栽培模式、采收加工等领域的研究，形成操作性强的系统技术，提高走马胎的种植效益。

三、走马胎的化学成分及药理作用研究

对国内外有关走马胎化学成分、药理作用的文献进行梳理、归纳，发现对走马胎化学成分的研究主要集中在三萜皂苷类化合物的分离与鉴定以及抗癌活性筛选，对其他类

化合物和生物活性如抗炎镇痛的研究较少；活性成分研究部位主要集中在根茎，对叶与果的活性成分研究较少。因此，应加强对走马胎叶与果的活性成分研究，以便阐明其传统利用的合理性；进一步加强研究走马胎的化学成分及药效机理，为从现代药理学角度阐明民族传统医药知识的合理性奠定基础。

（一）走马胎的化学成分

迄今已从走马胎中分离得到酚类、醌类、甾醇类、香豆素类、三萜皂苷类、挥发油等多种化合物，其中三萜皂苷类为其主要活性成分。走马胎化学成分研究多集中于三萜皂苷类和岩白菜素类。走马胎中的皂苷主要为具有 4～6 个糖的齐墩果烷型五环三萜皂苷，极性较大，化合物性质相近，这类成分具有抗肿瘤、抗 HIV 等方面的活性。因为从植物中提取足够量的活性单体皂苷有较大难度，所以采用甲醇醇解和生物转化的方法来得到结构多样性的皂苷。Mu 等用甲醇醇解、链格孢菌、曲霉菌将 3β-O-{α-L- 吡喃鼠李糖基 -（1→3）-［β-D- 吡喃木糖基 -（1→2）］-β-D- 吡喃葡萄糖基 -（1→4）-［β-D- 吡喃葡萄糖 -（1→2）］-α-L- 吡喃阿拉伯糖基 }- 西克拉敏 A 进行分解或微生物转化，获得了多种新的三萜皂苷类化合物，这些新化合物均有较强的抗肿瘤活性，且个别转化产物的抗肿瘤活性要强于分解的底物。岩白菜素及其衍生物属于异香豆素类化合物，结构中具一个内酯环，具有抗炎、镇痛、抑菌、抗氧化等多种药理活性，近年来已从走马胎中发现 10 个岩白菜素类成分。

（二）走马胎的药理作用

首载于《生草药性备要》的走马胎，具有祛风除湿、活血化瘀的功效，可用于治疗跌打损伤、风湿痹痛等。现代临床用于痛风性关节炎、类风湿性关节炎、骨质增生、骨伤骨折等病症的治疗。进一步研究发现，从走马胎中分离得到的齐墩果烷型三萜皂苷类化合物及部分间苯二酚衍生物具有较显著的抗肿瘤作用；根茎提取液能有效延长血栓模型大鼠体内凝血酶原时间、凝血酶时间、活化部分凝血活酶时间，降低全血黏度及血浆纤维蛋白原含量；从走马胎根茎中分离得到的 3 个岩白菜素衍生物 11-O-（3′-O-methy-lgalloyl）bergenin、11-O-galloylbergenin、4-O-galloylbergenin 具有显著的 1,1- 二苯基 -2- 三硝基苯肼自由基（DPPH·）清除活性。

第二章 走马胎植物生态和生物学特性

第一节 形态特征及分类检索

一、形态特征

走马胎为大灌木或半灌木。植株高约 1 m，有时达 3 m。具粗壮的匍匐生根的根茎。直立茎粗壮，直径约 1 cm，通常无分枝，幼嫩部分被微柔毛，以后无毛。叶通常簇生于茎顶端；叶片膜质，椭圆形至倒卵状披针形，长 25 ～ 48 cm，宽 9 ～ 17 cm，先端钝急尖或近渐尖，基部楔形，下延至叶柄成狭翅，叶缘具密啮蚀状细齿，齿具小尖头，两面无毛或仅背面叶脉上被细微柔毛，具疏腺点，以近叶缘较多，腺点于两面隆起；侧脉 15 ～ 20 对或略多，不成边缘脉；叶柄长 2 ～ 4 cm，具波状狭翅。由多个亚伞形花序组成大型金字塔状或总状圆锥花序，长 20 ～ 35 cm，宽约 10 cm 或更宽，无毛或被细微柔毛，每亚伞形花序有花 9 ～ 15 朵；花梗长 1 ～ 1.5 cm；花长 4 ～ 5 mm；花萼仅基部连合，萼片狭三角状卵形或披针形，先端急尖，长 1.5 ～ 2 mm，被疏微柔毛，具腺点，缘毛不明显；花瓣白色或粉红色，卵形，长 4 ～ 5 mm，具疏腺点；雄蕊为花瓣长的 2/3，花药卵形，背部无腺点；雌蕊与花瓣几等长，子房卵珠形，几无毛或被微柔毛，胚珠数颗，1 轮。果球形，直径约 6 mm，红色，无毛，具纵肋，多少具腺点。

二、紫金牛属分类检索表

1. 半灌木状草本或半灌木状小灌木，或为不高于 1.5 m 的小乔木；具匍匐生根的根茎、匍匐状茎或块茎。

  2. 叶缘锯齿状或具栉状锯齿。

    3. 叶缘具栉状锯齿。

      4. 叶片坚纸质，广卵形至卵状椭圆形，长 5~16 cm，基部圆形或心形，稍不对称；花序长约 3 cm······1.**毛脉紫金牛** *A. pubivenula*

      4. 叶片膜质，长 16~50 cm，基部楔形或平截，对称，叶缘具细齿；花序长 20~25 cm ······2.**走马胎** *A. gigantifolia*

    3. 叶缘具粗细不等的细锯齿。

      5. 叶片长 15~22 cm······3.**紫脉紫金牛** *A. purpureovillosa*

      5. 叶片长 2.5~10 cm。

6. 叶互生，基部心形……………………………………**4. 心叶紫金牛** *A. maclurei*

6. 叶对生或近轮生，基部楔形、圆钝或圆形。

  7. 萼片卵形或三角状卵形，被微柔毛、茸毛或长纤毛；苞片长 1~2 mm…………
………………………………………………………………**5. 紫金牛** *A. japonica*

  7. 萼片线形至圆锥状披针形，密被柔毛或长柔毛；苞片长 3~5 mm…………
………………………………………………………………**6. 九节龙** *A. pusilla*

2. 叶缘全缘，圆锯齿状或波状。

  8. 小枝和叶的腺体均被微柔毛或长硬毛。

    9. 灌木；叶片先端近渐尖至急尖，叶缘光滑。

    10. 小枝具长柔毛或长硬毛；叶缘齿状…………………**7. 雪下红** *A. villosa*

    10. 小枝具淡红色腺状突起，具微柔毛；叶缘全缘…………**8. 九管血** *A. brevicaulis*

    9. 矮小灌木或草本；叶片先端圆形至急尖，叶缘具腺点和长缘毛。

    11. 叶柄长 0.2~0.4 cm；萼片光滑；叶片先端圆形。

      12. 花萼圆裂片边缘具腺点和长纤毛…………**9. 莲座紫金牛** *A. primulifolia*

      12. 花萼圆裂片边缘光滑…………………………**10. 光萼紫金牛** *A. omissa*

    11. 叶柄长 2~4 cm；萼片具腺点，两边被长柔毛…………**11. 虎舌红** *A. mamillata*

  8. 小枝和叶疣状突起、鳞状或光滑无毛。

    13. 叶片长 2~6 cm。

      14. 叶片倒卵形或椭圆形，上部灰暗；叶缘波状齿或全缘…………
………………………………………………………**12. 小紫金牛** *A. chinensis*

      14. 叶片椭圆状披针形或倒披针形；叶缘细锯齿状或全缘。

        15. 小枝被锈色鳞片或微柔毛；叶缘全缘…………**13. 灰色紫金牛** *A. fordii*

        15. 小枝密被淡红色微柔毛；叶缘细锯齿状。

          16. 叶片坚纸质，基部楔形；花序着生于侧枝顶端；花瓣粉红色…………
………………………………………………………**14. 细罗伞** *A. affinis*

          16. 叶片厚坚纸质或近革质，基部钝至圆形；花序侧生；花瓣白色，稀粉红色…………
………………………………………………………**15. 少年红** *A. alyxiifolia*

    13. 叶片长 6.5~20 cm。

      17. 小枝具淡红色的腺体突起；叶片先端长而细渐尖或尾状渐尖；叶柄长 0.3 ~ 0.6 cm。

        18. 叶片膜质，基部楔形或钝至近圆形，叶背面灰绿色，被不甚明显的疏鳞片，很
        少被淡红色微柔毛…………………………**16. 尾叶紫金牛** *A. caudata*

        18. 叶片坚纸质，基部楔形，叶背面灰暗，被疏柔毛或细鳞片，偶见淡红色的乳头
        状突起…………………………………**17. 矮短紫金牛** *A. pedalis*

      17. 小枝具锈色的腺状突起；叶片先端急尖至尖锐；叶柄长 0.8~2 cm。

19. 植株具匍匐生根的根茎；叶片膜质；花瓣长 4~5 mm，先端急尖……………………………………………………………………………………………**18. 百两金** *A. crispa*

19. 植株具块茎；叶片纸质至近革质；花瓣长 7~8 mm，先端尖锐……………………………………………………………………………**19. 肉茎紫金牛** *A. carnosicaulis*

1. 灌木或乔木，常高于 1 m；无蔓延状根茎或匍匐状茎。

20. 花序腋生或着生于侧生特殊花枝顶端。

21. 小枝和花序轴均被鳞片。

22. 叶片压干后呈黄褐色；果球形……………**20. 越南紫金牛** *A. waitakii*

22. 叶片压干后呈灰蓝色；果扁球形，具 5 钝棱…………**21. 罗伞树** *A. quinquegona*

21. 小枝和花序轴光滑或被细而密的红色乳头状突起的腺体。

23. 复总状花序、总状花序或圆锥状花序，腋生。

24. 灌木或乔木，高 6 m 以上；叶片坚纸质，椭圆状披针形或倒披针形……………………………………………………………………………**22. 酸薹菜** *A. solanacea*

24. 灌木，高约 1 m；叶片膜质，狭披针形或披针形……**23. 狭叶紫金牛** *A. filiformis*

23. 复伞形花序或圆锥状聚伞花序，着生于侧生特殊花枝顶端…………………………………………………………………………**24. 凹脉紫金牛** *A. brunnescens*

20. 花序顶生或近顶生。

25. 叶缘细圆齿状、锯齿状或齿状，若近全缘则具比较大的结节。

26. 小枝、叶腹面和花序轴光滑或具锈色鳞片……………**25. 大罗伞树** *A. hanceana*

26. 小枝和花序轴具稀疏的被微柔毛的乳头状腺点（早期无毛），或被硬毛。

27. 单伞形花序。

28. 小枝、叶腹面和花序轴均密被淡红色微柔毛；萼片纸质，边缘被长柔毛，具腺点……………………………………………………**26. 山血丹** *A. lindleyana*

28. 叶腹面光滑，小枝和花序轴均被淡红色的乳头状腺点，早期无毛；萼片膜质，边缘光滑……………………………………………………**27. 朱砂根** *A. crenata*

27. 圆锥状伞形花序、伞形花序或聚伞花序。

29. 叶片先端尖锐或近渐尖；复伞房花序或伞形花序………**28. 纽子果** *A. polysticta*

29. 叶片先端渐尖或近尾状渐尖；圆锥状复伞房花序。

30. 叶片膜质；圆锥状复伞房花序……………**29. 散花紫金牛** *A. conspersa*

30. 叶片近革质至革质；圆锥状伞形花序。

31. 花被片膜质，透明；萼片无腺点……………**30. 白花紫金牛** *A. merrillii*

31. 花被片纸质，密被黑色斑点；萼片边缘全缘，具密腺点………………………………………………………………………**31. 伞形紫金牛** *A. corymbifera*

32. 植株无块根；叶片狭长圆状倒披针形或倒披针形，长 11~13 cm，叶背面被卷曲的疏柔毛或柔毛；花梗被微柔毛……………………………………………

…………………………**31a. 伞形紫金牛** *A. corymbifera* var. *corymbifera*

　　32. 植株具块根；叶片椭圆形或倒卵状披针形，长 5~8 cm，宽 1.5~2.5 cm，叶两

面及花梗均无毛………………**31b. 块根紫金牛** *A. corymbifera* var. *tuberifera*

25. 叶缘波状，近全缘或全缘，无膨大的结节。

33. 伞形花序，着生于侧枝顶端。

　　34. 小枝直径 1.5~2.5（3.5）mm；叶片线形至线状披针形。

　　　　35. 叶片革质，具密而明显的黑色小斑点或线状斑点；萼片椭圆形或卵形…………

………………………………………………**32. 剑叶紫金牛** *A. ensifolia*

　　　　35. 叶片纸质，具不明显的红色斑点；萼片椭圆形或卵形 …………………………

…………………………………………**33. 柳叶紫金牛** *A. hypargyrea*

　　34. 小枝直径 3.5~5 mm；叶片椭圆形、倒披针形或倒卵形。

　　　　36. 小枝被红色微柔毛；叶片坚纸质，暗灰色或苍白色，具黑色斑点；叶柄

长不超过 1 cm …………………………………**34. 花脉紫金牛** *A. pedalis*

　　　　36. 小枝光滑；叶片膜质，叶缘全缘，有光泽，具密而明显的红色小斑点；叶柄

长 1~2 cm…………………………………**35. 榄色紫金牛** *A. olivacea*

33. 圆锥状花序，着生于主枝顶端或近顶端。

　　37. 小枝、叶和花序均无毛；侧脉不超过 15 对。

　　　　38. 叶片倒披针形或倒卵形，先端急尖、钝或圆形，叶背面被疏鳞片；花长

4~5 mm …………………………………………**36. 铜盆花** *A. obtusa*

　　　　38. 叶片椭圆形至倒披针形，先端渐尖，叶两面无毛；花长 2~2.5 mm…………

………………………………………**37. 小花紫金牛** *A. graciliflora*

　　37. 小枝、叶和花序背面均被鳞片或微柔毛；侧脉极多，20 对以上………………………

…………………………………………**38. 南方紫金牛** *A. thyrsiflora*

第二节　生物学特性

一、根

走马胎主根不明显，具粗壮的匍匐生根的根茎，常膨大呈结节状或念珠状，直径 1 ～ 5 cm。根皮较厚，易剥离，表面灰褐色或棕褐色。

二、茎

走马胎植株比较特殊，直立茎粗壮，无分枝。顶端优势非常明显，1 年只有 1 条主

枝生长而没有侧枝分化生长，即使剪掉主枝顶芽，也只能从剪口下方萌发 1 个侧芽，而极少有萌发 2 个的。在桂北地区，走马胎茎 3 月开始生长，7 ～ 10 月生长较快，10 月达到高峰期，11 月后生长较慢。

三、叶

叶通常集生于枝顶，互生；叶片纸质，阔椭圆形或长椭圆形，长 20 ～ 45 cm，宽 8 ～ 20 cm，先端渐尖，基部渐狭而成一短柄，叶缘有整齐的细锯齿，背面通常紫红色，有时淡绿色。

四、花和种子

圆锥花序顶生，有花 9 ～ 15 朵，长 20 ～ 30 cm；花白色或淡紫红色；萼 5 裂，裂片近三角形，长约 1.5 mm；花冠 5 深裂，裂片卵状长圆形，长 3 ～ 4 mm；雄蕊 5 枚，着生于花冠裂片的基部并与其对生；子房上位，花柱线形。花期 4 ～ 6 月，有时 2 ～ 3 月。果球形，熟时红色，具细长的柄。果期 11 ～ 12 月，有时 2 ～ 6 月。走马胎开花坐果率不到 5%，多数情况下得不到种子。在适宜的水分、温度、光照等条件下，走马胎发芽率可至 50% ～ 90%。

五、生长特性

在桂北地区，走马胎在 3 月初开始萌芽生长，进入营养生长期，此期间株高和基径的增长比较缓慢；4 月初植株开始出现花蕾，花期一般为 4 ～ 6 月；7 ～ 9 月是走马胎生长旺盛期，此期间株高、基径、叶片数和大小都增长比较快；10 月后走马胎植株生长逐渐放缓；11 ～ 12 月果皮变红，种子成熟。走马胎 1 ～ 5 年生林下栽培植株生物量见表 2-1。从表中可看出，在桂北地区，1 ～ 5 年生走马胎株高、基径、叶片数、根鲜重、茎鲜重和叶鲜重都呈上升趋势。其中，5 年生走马胎平均株高可达 96.67 cm，根鲜重平均为 91.26 g/株，茎鲜重平均为 108.00 g/株，叶鲜重平均为 40.27 g/株。

表 2-1　走马胎 1 ～ 5 年生林下栽培植株生物量

年限	株高（cm）	基径（mm）	叶片数（片）	根鲜重（g）	根干重（g）	胎鲜重（g）	胎干重（g）	茎鲜重（g）	茎干重（g）	叶鲜重（g）	叶干重（g）
1	3.67	0.35	5.40	0.43	0.12	0.12	0.05	0.32	0.06	0.99	0.16
2	10.50	0.53	6.80	2.09	0.45	—	—	1.83	0.37	3.81	0.70
3	30.50	0.75	5.60	6.05	1.81	0.30	0.08	8.88	1.54	9.29	1.61
4	72.44	1.26	8.22	36.80	15.78	3.10	1.12	43.19	12.61	17.79	3.72
5	96.67	1.61	14.11	91.26	35.93	7.80	2.30	108.00	32.09	40.27	8.63

第三节　地理分布及生态习性

一、地理分布

走马胎主要分布于我国福建、广东、广西、贵州、海南、江西、云南等省（区），印度尼西亚、马来西亚、泰国、越南亦有分布。根据《中华本草》记载，云南、广西、广东、江西、福建、贵州等省（区）是走马胎的主要分布区域（国家中医药管理局编委会，1999）。走马胎在广西主要分布在马山、融水、阳朔、永福、蒙山、上思、平南、凌云、乐业、隆林、象州、金秀、灵川、那坡等地。

二、生态习性

走马胎喜温暖湿润的环境，耐阴，但要求一定的光照，喜酸性、湿润、疏松的土壤。多见于海拔1300 m以下的山间林下或溪边阴湿处。适合走马胎的透光率为10%～55%，湿度为55%～70%，温度为20～28℃，同时对土壤水分含量要求较高。

走马胎伴生植物种类较为丰富。乔木层植物主要有木荷（*Schima superba*）、赤杨叶（*Alniphyllum fortunei*）、枫香树（*Liquidambar formosana*）和马尾松（*Pinus massoniana*）等。灌木层植物主要有鼠刺（*Itea chinensis*）、毛果算盘子（*Glochidion eriocarpum*）、粗叶榕（*Ficus hirta*）、檵木（*Loropetalum chinense*）、长尾毛蕊茶（*Camellia caudata*）、枇杷叶紫珠（*Callicarpa kochiana*）、梵天花（*Urena procumbens*）等。草本植物主要有淡竹叶（*Lophatherum gracile*）、半边旗（*Pteris semipinnata*）、蔓生莠竹（*Microstegium fasciculatum*）、乌蕨（*Odontosoria chinensis*）等。

第三章 走马胎的化学成分

第一节 走马胎的化学成分

走马胎药材基源植物为紫金牛科走马胎，传统药用部位为根茎，主要化学成分有三萜皂苷类、酚类、醌类、甾醇类、香豆素类、挥发油及多糖类等。目前已从走马胎根茎部分离获得酚类、醌类、香豆素类、三萜皂苷类及其他化合物共计50多个，其中三萜皂苷类20个，香豆素类12个，酚类9个，醌类8个。含量检测结果显示，走马胎中含有多糖约2.30%，总皂苷类约1.01%，生物碱约0.28%，槲皮素约1.38%（戴卫波等，2018）。

一、三萜皂苷类

紫金牛属植物中皂苷的结构类型主要为五环三萜类齐墩果烷型衍生物，其苷元有5种类型，即13,28-环氧醚、12-烯、13,28-环氧-28-羟基、13,28-环氧-16-羰基、12-烯-15羟基，皂苷中一般含有葡萄糖、鼠李糖、阿拉伯糖和木糖（龙杰超等，2017）。三萜皂苷类是走马胎主要活性成分，所含的皂苷主要是具有4～6个糖的齐墩果烷型五环三萜，多数具有羧基，极性较大，可溶于水。目前已从走马胎根茎部分离、纯化、鉴定出三萜皂苷类化合物20个。具体见表3-1。

走马胎中的三萜皂苷类化合物多从正丁醇萃取部位分离获得。杨竹（2007）从100 g走马胎正丁醇萃取部位分离得到表3-1中1～5号共5个三萜皂苷类化合物，含量分别为145.0 mg、90.0 mg、6.0 mg、12.0 mg、140.0 mg；张晓明（2004）从215 g走马胎正丁醇萃取部位分离得到表3-1中1～10号、18号共11个三萜皂苷类化合物，含量分别为 75.0 mg、1.25 g、60.5 mg、35.0 mg、32.0 mg、30.0 mg、60.0 mg、47.0 mg、40.2 mg、17.3 mg、27.0 mg；穆丽华（2011）等从620 g走马胎正丁醇萃取部位中分离得到表3-1中6号、12号、16～20号共7个三萜皂苷类化合物，含量分别为12.0 mg、10.0 mg、7.3 mg、84.0 mg、20.0 mg、15.0 mg、71.0 mg；谷永杰（2014）将20 kg走马胎药材用60%乙醇渗漉提取，经D101大孔树脂吸附，乙醇梯度洗脱，用50%和70%乙醇馏分，并从中分离得到表3-1中2号、12～15号、18号共6个三萜皂苷类化合物，含量分别为16.3 g、28.4 mg、31.2 mg、33.8 mg、37.5 mg、47.1 mg。

表 3-1 走马胎中三萜皂苷类化合物

编号	化合物名称	分子式
1	3β-O-{α-L-rhamnopyranosyl-（1→3）-［β-D-xylopyranosyl-（1→2）］-［β-D-galactopyranosyl-（1→4）］-［β-D-glucopyranosyl-（1→2）］-α-L-arabinopyranoside}-16α-hydroxy-13,28-epoxy-oleanane	$C_{58}H_{96}O_{25}$
2	cyclamiretin A 3β-O-α-L-rhamnopyranosyl-（1→3）-［β-D-xylopyranosyl-（1→2）］-β-D-galactopyrano-syl-（1→4）-［β-D-glucopyranosyl-（1→2）］-α-L-arabinopyranoside	$C_{58}H_{94}O_{26}$
3	3β-O-{α-L-rhamnopyranosyl-（1→3）-［β-D-xylopyranosyl-（1→2）］-β-D-galactopyranosyl-（1→4）-［β-D-glucopyranosyl-（1→2）］-α-L-arabinopyranoside}-16α-hydroxy-13,28-epoxy-30-acetoxy-oleane	$C_{60}H_{98}O_{27}$
4	cyclamiretin A 3β-O-α-L-rhamnopyranosyl-（1→3）-［β-D-glucopyranosyl-（1→4）-β-D-xylopyranosyl-（1→2）］-［β-D-galactopyranosyl-（1→4）］-［β-D-glucopyanosyl-（1→2）］-α-L-arabinopyranoside	$C_{64}H_{104}O_{31}$
5	3β-O-{α-L-rhamnopyranosyl-（1→3）-［β-D-glucopyranosyl-（1→4）-β-D-xylopyranosyl-（1→2）］-β-D-galactopyranosyl-（1→4）］-β-D-glucopyranosyl-（1→2）］-α-L-arabinopyranoside}-16α-hydrox-y-13,28-epoxy-oleanane	$C_{64}H_{106}O_{30}$
6	Ardisiacrispin A	$C_{52}H_{84}O_{22}$
7	cyclamiretin A 3β-O-α-L-rhamnopyranosyl-（1→3）-［β-D-xylopyranosyl-（1→2）］-β-D-galactopyrano-sy-（1→4）-［β-D-6-O-acetylglucopyranosyl-（1→2）］-α-L-arabinopyranoside	$C_{60}H_{96}O_{27}$
8	3β-O-{α-L-rhamnopyranosyl-（1→3）-［β-D-xylopyranosyl-（1→2）］-β-D-galactopyranosyl-（1→4）-［β-D-6-O-acetylglucopyranosyl-（1→2）］-α-L-arabinopyranoside}-16α-hydroxy-13,28-epoxy-30-acetoxyoleane	$C_{60}H_{96}O_{27}$
9	3β-O-{α-L-rhamnopyranosyl-（1→3）-［β-D-xylopyranosyl-（1→2）］-β-D-galactopyranosyl-（1→4）-［β-D-6-O-acetylglucopyranosyl-（1→2）］-α-L-arabinopyranoside}-16α-hydroxy-13,28-epoxy-oleanane	$C_{60}H_{98}O_{26}$
10	3β-O-{α-L-rhamnopyranosyl-（1→3）-［β-D-xylopyranosyl-（1→2）］-β-D-galactopyranosyl-（1→4）-［β-D-glucopyranosyl-（1→2）］-α-L-arabinopyranoside}-16α,28-dihydroxy-30acetoxy-oleana-12-en	$C_{60}H_{98}O_{27}$
11	3β-O-α-L-rhamnopyranosyl-（1→3）-［β-D-glucopyranosyl-（1→3）-β-D-xylopyranosyl-（1→2）］-β-D-galactopyranosyl-（1→4）］-β-D-glucopyranosyl-（1→2）］-α-L-arabinopyranoside-cyclamiretin A	$C_{64}H_{104}O_{31}$
12	cyclamiretin A 3β-O-{a-L-rhamnopyranosyl-（1→3）-［β-D-glucopyranosyl-（1→3）-β-D-xylopyrano-sy-（1→2）］-β-D-glucopyranosyl-（1→4）-［β-D-glucopyranosyl-（1→2）］-α-L-arabinopyranoside}	$C_{64}H_{104}O_{3}$
13	3β-O-{α-L-rhamnopyranosyl-（1→3）-［β-D-Glucopyranosyl-（1→3）-β-D-xylopyranosyl-（1→2）］-β-D-glucopyranosyl-（1→4）-［β-D-glucopyranosyl-（1→2）］-α-L-arabinopyranoside}-16α-hydroxy-13β,28-epoxy-oleanane	$C_{64}H_{106}O_{30}$

续表

编号	化合物名称	分子式
14	3β-O-{α-L-rhamnopyranosyl-（1→3）-［β-D-xylopyranosyl-（1→2）］-［β-D-glucopyranosyl-（1→4）］-［β-D-glucopyranosyl-（1→2）］-α-L-arabinopyranoside}-16α-hydroxy-13, 28-epoxy-oleanane	$C_{58}H_{96}O_{25}$
15	3β-O-{α-L-rhamnopyranosyl-（1→3）-［β-D-glucopyranosyl-（1→3）-β-D-xylopyranosyl-（1→2）]-β-D-glucopyranosyl-（1→4）-［β-D-glucopyranosyl-（1→2）］-α-L-arabinopyranoside}-16α-hydroxy-30-acetoxy-13, 28-epoxy-oleanane	$C_{66}H_{108}O_{32}$
16	cyclamiretin A 3β-O-β-D-xylopyranosyl-（1→2）-β-D-glucopyranosyl-（1→4）-α-L-arabinopyranosy	$C_{46}H_{74}O_{17}$
17	cyclamiretin A 3β-O-α-L-rhamnopyranosyl-（1→3）-［β-D-xylopyranosyl-（1→2）］-β-D-glucopyranosyl（1→4）-［β-D-glucopyranosyl-（1→2）］-α-L-arabinopyranoside	$C_{58}H_{94}O_{26}$
18	lysikoianoside	$C_{52}H_{86}O_{21}$
19	cyclamiretin A 3β-O-α-L-rhamnopyranosyl-（1→3）-［β-D-xylopyranosyl-（1→2）］-β-D-glucopyrano-syl-（1→4）-［β-D-6-O-acetylglucopyranosyl-（1→2）］-α-L-arabinopyranoside	$C_{60}H_{96}O_{27}$
20	3β-O-{α-L-rhamnopyranosyl-（1→3）-［β-D-xylopyranose-（1→2）］-β-D-glucopyranosyl-（1→4）-α-L-arabinopyranosyl}-3β-hydroxy-13β, 28-epoxy-oleanane-16-oxo-30-al	$C_{52}H_{86}O_{21}$

二、香豆素类

香豆素是一类以 7- 羟基香豆素为母核的化合物，岩白菜素及其衍生物属于异香豆素类化合物，结构中具一个内酯环，具有抗炎、镇痛、抑菌、抗氧化等多种药理活性。现已从走马胎根茎中分离得到香豆素类化合物 12 种，其中岩白菜或岩白菜素衍生物 10 种，没食子酸酯和没食子酸各 1 种。具体见表 3–2。

张晓明（2004）从 215.0 g 正丁醇萃取部位分离得到表 3–2 中 1 号岩白菜素化合物 bergenin，含量为 5.3 g。杨竹（2007）从 84 g 乙酸乙酯提取物中分离得到表 3–2 中 2 ～ 4 号共 3 个香豆素类化合物，含量分别为 5.3 g、18.0 mg、6.0 mg。封聚强（2011）等从 150 g 乙酸乙酯提取物中分离得到表 3–2 中 5 ～ 9 号 5 个香豆素类化合物，含量分别为 25.0 mg、30.0 mg、14.0 mg、12.0 mg、10.0 mg。穆丽华等（2013）从 150 g 乙酸乙酯提取物中分离得到表 3–2 中 1 号、10 ～ 11 号 3 个香豆素类化合物，含量分别为 2.0 g、20.0 mg、25.0 mg。Liu 等（2010）从 100.0 g 走马胎甲醇提取物乙酸乙酯层浸膏中分离得到表 3–2 中 12 号化合物。

表 3-2　走马胎中香豆素类化合物

编号	化合物名称	分子式
1	bergenin	$C_{14}H_{16}O_9$
2	（−）-bergenin	$C_{14}H_{16}O_9$
3	（＋）-3,4,10-trihydroxy-2-（hydroxymethyl）-9-methoxy-6-oxo-2,3,4,4a,6,10b-hexahydropyrano（3,2-c）isochromen-8-yl4-hydroxy-3,5-dimethoxybenzoate	$C_{23}H_{24}O_{13}$
4	（−）-3,4,8,10,10b-pentahydroxy-2-（hydroxymethyl）-9-methoxy-2,3,4,4a-tetrahydropyrano（3,2-c）isochromen-6（10b H）-one	$C_{14}H_{16}O_{10}$
5	11-O-galloylbergenin	$C_{21}H_{20}O_{13}$
6	11-O-syringylbergenin	$C_{23}H_{24}O_{13}$
7	11-O-protocatechuoylbergenin	$C_{21}H_{20}O_{12}$
8	4-O-galloylbergenin	$C_{21}H_{20}O_{13}$
9	11-O-vanilloylbergenin	$C_{22}H_{22}O_{12}$
10	11-O-veratroylbergenin	$C_{23}H_{23}O_{12}$
11	11-O-（3′-O-methygalloyl）bergenin	$C_{22}H_{22}O_{13}$
12	5-［（8Z）-heptadec-8-en-1-yl］-7-hydroxy-8-methyl-2H-1-benzopyran-2-one	$C_{27}H_{40}O_3$

三、酚类

酚类化合物是芳香烃环上含羟基的一类化合物，具有特殊的芳香气味，表现出一定的抗氧化活性。现已从走马胎中分离得到酚酸、酚苷等9个酚类化合物（龙杰超等，2017）。其中，卢文杰等从走马胎根茎醇提取物中分离得到1个新的具有顺式取代的十六碳直链烯烃的间苯二酚衍生物，定名为大叶紫金牛酚，即表3-3中1号化合物gigantifolinol。杨竹（2007）从走马胎根茎60%醇提取物中分离得到1个小分子酚酸化合物 gallic acid、2个酚类化合物（＋）−5−（1,2−dihydroxypentyl）−benzene−1,3−diol 和（−）−5−（1,2−dihydroxypentyl）−benzene−1,3−diol 及表3-3中5～8号4个酚苷类化合物。Liu等（2009）从走马胎根茎醇提物中分离得到1个新的间苯二酚衍生物 2−methyl−5−（8Z−heptadecenyl）resorcinol。具体见表3-3。

表 3-3　走马胎中酚类化合物

编号	化合物名称	分子式
1	gigantifolinol	
2	gallic acid	$C_7H_6O_5$
3	（＋）-5-（1,2-dihydroxypentyl）-benzene-1,3-diol	$C_{11}H_{16}O_4$

续表

编号	化合物名称	分子式
4	（－）-5-（1,2-dihydroxypentyl）-benzene-1,3-diol	$C_{11}H_{16}O_4$
5	（－）-4′-hydroxy-3′,5′-dimethoxyphenyl-β-D-［6-O-（4″-hydroxy-3″,5″-dimethoxybenzoyl）］-glucopyranoside	$C_{23}H_{28}O_{13}$
6	（－）-4′-hydroxy-3′-methoxyphenyl-β-D-［6-O-（4″-hydroxy-3″,5″-dimethoxybenzoyl）］-glucopyranoside	$C_{22}H_{26}O_{12}$
7	（－）-4′-hydroxy-2′,6′-dimethoxyphenyl-β-D-［6-O-（4″-hydroxy-3″-methoxybenzoyl）］-glucopyranoside	$C_{22}H_{26}O_{12}$
8	（－）-3′-hydroxy-4′-methoxyphenyl-β-D-［6-O-（4″-hydroxy-3″,5″-dimethoxybenzoyl）］-glucopyranoside	$C_{22}H_{26}O_{12}$
9	2-methyl-5-（8Z-heptadecenyl）resorcinol	$C_{24}H_{40}O_2$

四、甾醇类

植物甾醇是一类具有甾核（环戊烷骈多氢菲）、在C–17位侧链为9～10个碳原子脂肪烃的化合物，是多种激素、维生素D、甾体化合物合成的前体，同时也是构成植物体内细胞膜的成分之一。这类化合物一般具有很高的营养价值和较高的生物活性，广泛应用于医药、食品、化妆品等多个领域。目前，从走马胎根茎分离出4种甾醇类化合物，其中豆甾醇构型2种，谷甾醇构型1种，菠甾醇构型1种。具体见表3–4。

表3–4　走马胎中甾醇类化合物

编号	化合物名称	分子式
1	β-sitosterol	$C_{29}H_{50}O$
2	stigmasterol	$C_{29}H_{48}O$
3	spinasterol	$C_{29}H_{48}O$
4	stigmasterol-3-O-β-D-glucopyranoside	$C_{35}H_{58}O$

五、醌类

醌类化合物是中药中一类具有醌式结构的化学成分，主要分为苯醌、萘醌、菲醌和蒽醌4种类型。在中药中以蒽醌及其衍生物尤为重要。Liu等（2009）从走马胎甲醇提取物乙酸乙酯层浸膏中分离得到8个新的二聚1,4– 苯醌衍生物。具体见表3–5。

表3-5 走马胎中醌类化合物

编号	化合物名称	分子式
1	belamcandaquinones F	$C_{48}H_{76}O_5$
2	belamcandaquinones G	$C_{48}H_{76}O_5$
3	belamcandaquinones H	$C_{47}H_{74}O_5$
4	belamcandaquinones I	$C_{47}H_{74}O_5$
5	2-{2,4-Dihydroxy-6-［（8Z）-pentadec-8-en-1-yl］phenyl}-3-［（8Z）-heptadec-8-en-1-yl］-5-hydroxy-6-methylcyclohexa-2,5-diene-1,4-dione（belamcandaquinones J）	$C_{45}H_{70}O_5$
6	2-{2,4-Dihydroxy-6-［（8Z）-pentadec-8-en-1-yl］phenyl}-3-［（8Z）-heptadec-8-en-1-yl］-5-methoxycyclohexa-2,5-diene-1,4-dione（belamcandaquinones K）	$C_{45}H_{70}O_5$
7	2-（2,4-Dihydroxy-6-pentadecylphenyl）-3-［（8Z）-heptadec-8-en-1-yl］-5-methoxycyclohexa-2,5-diene-1,4-dione（belamcandaquinones L）	$C_{45}H_{72}O_5$
8	2-（2,4-Dihydroxy-6-tridecylphenyl）-3-［（8Z）-heptadec-8-en-1-yl］-5-methoxycyclohexa-2,5-diene-1,4-dione（belamcandaquinones M）	$C_{43}H_{68}O_5$

六、挥发油

挥发油一般指精油，是从香料植物或泌香动物中加工提取所得到的挥发性含香物质的总称，挥发性很强。通常，精油是从植物的花、叶、根、种子、果、树皮、树脂、木心等部位通过水蒸气蒸馏法、冷压榨法、脂吸法或溶剂萃取法提炼萃取的挥发性芳香物质。精油又分稀释的（复方精油）和未经稀释的（单方精油）。现已从走马胎根茎挥发油中检测出60多种成分，其中黄樟素含量最丰富。

目前，走马胎根茎挥发油提取方法主要有传统的水蒸气蒸馏法、微波辅助水蒸气蒸馏法及超临界CO_2流体萃取法，成分分析均采用气相色谱法－质谱（GC-MS）联用技术，但不同方法获得的挥发油成分、含量差异较大。其中，采用水蒸气蒸馏法提取的走马胎根茎挥发油只能鉴定出22种成分，超临界CO_2流体萃取法可鉴定出54种成分，微波辅助水蒸气蒸馏法则可鉴定出66种成分。水蒸气蒸馏法提取的走马胎根茎挥发油含量较高的成分为黄樟素（94.07%）、萜烷（1.225%）、β-葑醇（1.055%）、甲基丁香酚（0.898%）、β-蒎烯（0.606%）等（李群芳等，2009）；微波辅助水蒸气蒸馏法提取的挥发油成分主要为黄樟素（85.37%）、桉油醇（1.58%）、葑醇（1.42%）、基丁香酚（1.80%）和二甲氧基黄樟醚（1.10%）（娄方明等，2010）；超临界CO_2流体萃取法提取的挥发油成分主要为黄樟脑（29.44%）、榄香素（23.58%）、谷甾醇（12.43%）、亚麻油酸（11.32%）、安息香酸苄酯（4.64%）、洋橄榄油酸（3.37%）（杨碧山等，2012）。

七、其他成分

在走马胎中还检测到槲皮素、山奈素、儿茶素等黄酮类成分及 1 种糖苷。

第二节　活性物质的生物转化

三萜皂苷类化合物是使走马胎具有抗肿瘤活性的主要物质，然而，从植物中提取足够量的活性单体皂苷难度较大。为此，穆丽华等（2013）用 20% 硫酸甲醇对 3β–O–{α–L– 吡喃鼠李糖基 –（1→3）–［β–D– 吡喃木糖基 –（1→2）］–β–D– 吡喃葡萄糖基 –（1→4）–［β–D– 吡喃葡萄糖 –（1→2）］–α–L– 吡喃阿拉伯糖基}– 西克拉敏 A（Ag3）进行酸水解，获得了 4 个 13,28 氧环遭到破坏的水解产物。但化学合成过程较复杂，且副产物多、产率低，很难得到特定的产物。生物转化是由细胞、器官或酶催化的化学反应，可应用于复杂底物的特定转化，包括水解、羟基化和糖基化等。与化学合成相比，生物转化具有更强的结构选择性和特异性，非常有利于三萜皂苷类化合物的合成及结构修饰（穆丽华等，2018）。

一、走马胎菌株分离

张静（2016）采用高氏一号培养基（GA）、S 培养基、ISP2 培养基、R2A 合成培养基和燕麦培养基对走马胎新鲜茎叶内生细菌和根围土壤细菌进行了分离培养，并利用改良 ISP2 培养基对获得的细菌进行纯化培养。结果从走马胎茎叶中得到 34 株形态差异较大的内生细菌，最后经测序对比排重后确定得到芽孢杆菌属 5 个菌株、假平孢菌属和狭长平胞属各 1 个菌株，共 7 个菌株。从走马胎根围土壤中共得到细菌 85 株，经测序对比排重后确定为链霉菌属 17 个菌株，芽孢杆菌属 5 个菌株，Lysinibacillus 属 2 个菌株，小单孢菌属、红球菌属、北里孢菌属、诺卡氏菌属、类芽孢杆菌属各 1 个菌株。

二、生物转化活性菌株的筛选

将从走马胎茎叶和根际土壤中分离获得的菌株接种于转化培养基中进行活化，使菌株处于旺盛生长期，加入走马胎三萜皂苷底物进行共培养，再对细菌进行生物转化活性筛选，获得的 1 株内生细菌 Sphingomonas yabuuchiae GTC 868T（AB071955）、2 株根际土壤细菌 Bacillus licheniformis ATCC 14580T（AE017333）和 Bacillus asahii MA001T（AB109209）均具有转化活性。

三、三萜皂苷 Ag3 的生物转化

方法一：利用从走马胎新鲜茎叶和根际土壤中分离筛选出的活性菌株进行转化。将筛选获得的活性菌株活化后，与走马胎三萜皂苷底物 Ag3 进行共培养，再用硅胶柱色谱法分离。菌株 Bacillus asahii MA001T（AB109209）转化得到一个新的产物，且极性较底物 Ag3 小，菌株 Bacillus licheniformis ATCC 14580T（AE017333）转化得到一个极性较底物大的新产物。菌株 Sphingomonasyabuuchiae GTC 868T（AB071955）转化 Ag3 后获得化合物 3β–O–{α–L– 吡喃鼠李糖基 –（1→3）–［β–D– 吡喃木糖基 –（1→2）］–β–D– 吡喃葡萄糖 –（1→4）–α–L– 吡喃阿拉伯糖基 }– 西克拉敏 A。

方法二：利用果胶酶 Ultra AFP 对 Ag3 进行生物转化。在底物 Ag3 中加入果胶酶 Ultra AFP，在适宜的条件下进行转化。结果共分离得到 3 个新的转化产物，分别为 3β–O–{β–D– 葡萄吡喃糖基 –（1→4）–［β–D– 葡萄吡喃糖基 –（1→2）］–α–L– 阿拉伯吡喃糖基 }– 西克拉敏 A、3β–O–{β–D– 葡萄吡喃糖基 –（1→2）–α–L– 阿拉伯吡喃糖基 }– 西克拉敏 A、3–O–α–L– 阿拉伯吡喃糖基 – 西克拉敏 A 和西克拉敏皂苷元 A。

四、转化产物对肿瘤细胞的抑制活性

建立肿瘤细胞模型，研究上述 5 个转化产物的体外抗肿瘤活性，结果显示 3β–O–{β–D– 葡萄吡喃糖基 –（1→4）–［β–D– 葡萄吡喃糖基 –（1→2）］–α–L– 阿拉伯吡喃糖基 }– 西克拉敏 A 对人肝癌细胞 HepG–2 的抑制作用较底物 Ag3 和阳性药顺铂更为显著。

第四章 走马胎的药理作用

据《纲目拾遗》《陆川本草》等医书记载，走马胎具有祛风壮骨、活血化瘀、消肿止痛、止血生肌等功效，通常用于治疗类风湿性关节炎、筋骨疼痛、跌打损伤、产后瘀血、半身不遂、痈疽溃疡等。民间常有"两脚行不开，不离走马胎"之说，可见走马胎在消除疲劳、活血、行血等方面具有独特作用。从走马胎中分离得到的成分多具有药理活性，如酚类和香豆素类具有抗炎、抗氧化作用，多糖类具有活血、抗血栓作用，三萜皂苷类具有抗肿瘤作用，醇提物还具有抗类风湿性关节炎作用，这些药理作用与走马胎治疗跌打损伤、类风湿性关节炎等病症及活血止痛的应用相验证。

第一节 抗肿瘤作用

三萜皂苷类成分是走马胎抗肿瘤作用的主要药效物质，已研究发现 10 余个三萜皂苷类化合物具有很好的抗肿瘤活性，其中化合物 3β–O–{α–L 吡喃鼠李糖基 –（1→3）–[β–D– 吡喃木糖基 –（1→2）]β–D 吡喃葡萄糖基 –（1→4）–[β–D 吡喃葡萄糖 –（1→2）]α–L– 吡喃阿拉伯糖基 }– 西克拉敏 A（AG4）和 Ag3 表现尤为突出，且通过生物转化得到了比 Ag3 底物活性更优的新成分。此外，没食子酸及其衍生物没食子酸酯可通过阻滞细胞周期、诱导肝癌细胞凋亡、逆转肝癌细胞耐药等抑制肝癌细胞的增殖，表现出较强的抗肿瘤活性。

一、走马胎提取液对肿瘤细胞的抑制作用

走马胎水提液、醇提液及活性成分均可明显抑制肝癌细胞 $HepG_2$ 的增殖、侵袭和转移，并诱导其凋亡。MTT 试验结果显示，走马胎活性成分的抗肝癌活性随药物浓度和作用时间的增加而增强，即走马胎体外抑制肝癌增殖作用具有剂量依赖性。进一步研究发现，走马胎活性成分可提高肝癌细胞 $HepG_2$ 中双特异性磷酸酶（dual specificity protein phosphatase，DUSPs）家族 DUSP1、DUSP4 和 DUSP5 mRNA 和蛋白表达，同时降低蛋白激酶（mitogen–activated protein kinase，MAPK）信号通路中关键蛋白 ERK、JNK 和 p38 的磷酸化水平。而 DUSPs 家族中大部分成员为丝裂原激活的 MAPK 信号通路的负向调节剂，参与肿瘤细胞的增殖、凋亡、侵袭转移和耐药等过程。姚志仁等研究发现，走马胎醇提液诱导肝癌细胞 $HepG_2$ 凋亡与半胱氨酸蛋白酶 cleaved–Capase–3、cleaved–Capase–9 的激活，线粒体细胞色素 C 的释放，以及抑制凋亡的蛋白 Bcl–2 降低，诱导凋亡的蛋白 Bax 升高有关。因此，认为走马胎通过调节肝癌细胞中特异性蛋白的表达和信号通路中

关键蛋白的磷酸化水平抑制肝癌细胞 HepG$_2$ 表达。此外，走马胎 60% 乙醇提取物在浓度为 200 μg/mL 时对宫颈癌细胞 Hela 的抑制率为 81.4%。

二、走马胎三萜皂苷类成分对肿瘤细胞的抑制作用

近年来，人们对走马胎三萜皂苷类成分的抗肿瘤作用展开研究，并取得了良好的进展。研究发现，以西克拉敏 A 为母核，C-3 位连有糖链、C-16 位 –OH、C-13, 28 位环氧桥、C-30 位 –CHO 的三萜皂苷类化合物都有一定的抗肿瘤活性。

化合物 AG4 是从走马胎干燥的根茎中提取分离得到的以西克拉敏 A 为母核的齐墩果烷型五环三萜皂苷。研究发现，AG4 对人胃癌细胞 BGC-823、肺癌细胞 A549、肝癌细胞 Bel-7402 和 HepG$_2$、膀胱癌细胞 EJ、结肠腺癌细胞 LS180 及宫颈癌细胞 HeLa 有明显的增殖抑制作用。进一步研究发现，AG4 可通过降低人乳腺癌细胞 MCF-7 内的超氧化物歧化酶（SOD）活性及谷胱甘肽（GSH）含量，同时增加丙二醛（MDA）含量，干扰 MCF-7 细胞内的氧化还原系统；增加 S 期细胞，减少 G2/M 期细胞阻滞周期；并使 MCF-7 细胞中 Caspase-3 和 Caspase-9 的活性增加，激活线粒体凋亡信号转导通路诱导 MCF-7 细胞凋亡。陈超等研究 AG4 对 CNE 裸鼠移植瘤的影响，发现 AG4 能显著抑制移植瘤的瘤重和瘤体积的增长，作用机制与激活线粒体途径诱导肿瘤细胞凋亡、促进 Bax 和 Bad 基因表达、抑制 Bcl-2 基因表达有关。

此外，三萜皂苷类化合物 3β-O-｛α-L- 吡喃鼠李糖基 -（1 → 3）-［β-D- 吡喃葡萄糖基 -（1 → 3）-β-D- 吡喃木糖基 -（1 → 2）］-β-D- 吡喃葡萄糖基（1 → 4）-［β-D- 吡喃葡萄糖基 -（1 → 2）］-α-L- 吡喃阿拉伯糖基｝-16, 28, 30- 三羟基 - 齐墩果烷 -12- 烯，对肺癌细胞 A549 较为敏感，24 小时的 IC50 为 4.55 μmol/L，其诱导 A549 凋亡的机制与阻滞细胞于 G2 期、增加 S 期有关。化合物 lysikoianoside 对 EJ 细胞有选择性抑制作用（IC50 为 7.20 μg/mL），28-epoxy-oleanan-16-oxo-30-al 对 HepG$_2$ 细胞有选择性抑制作用（IC50 为 8.53 μg/mL）。

第二节　抗炎作用

走马胎是我国民间治疗类风湿性关节炎（RA）的常用药物，多项临床报道也显示单味走马胎及相关复方对类风湿性关节炎均有良好的治疗作用，且毒副作用小。唐亚平（2007）将 82 例类风湿性关节炎患者随机分为走马胎组 42 例、雷公藤多甙组 40 例，治疗 12 周，观察治疗前后关节压痛数、肿胀数及血沉、类风湿因子等项目变化，并进行疗效对比。结果表明，走马胎组的 42 例中，近期控制 4 例，显效 22 例，好转 11 例，无效 5 例；雷公藤多甙组的 40 例中，近期控制 4 例，显效 19 例，好转 13 例，无效 4 例。走马胎组与雷公藤多甙组疗效相当。

药理研究证明，走马胎通过降低炎症因子水平，改善炎性肿胀等发挥抗类风湿性关节炎作用。戴卫波等通过弗氏完全佐剂（Freund's complete adjuvant，FCA）诱导建立佐剂性关节炎（adjuvant-induced arthritis，AA）大鼠模型，观察走马胎提取物对模型动物的改善作用，发现走马胎醇提物、石油醚提取物可显著降低 AA 模型大鼠全身和关节炎症肿胀评分，减少 AA 模型大鼠关节肿胀个数，降低模型动物全身炎症评分，降低模型动物致炎侧和继发侧足肿胀度，降低血清中 IL-6、TNF-α、IL-1β、MDA 的水平，并抑制踝关节组织炎症细胞的浸润、滑膜增生及血管翳的形成，减轻软骨及骨质损伤程度，降低致炎侧足组织中 PGE2 含量，降低胸腺、脾脏及肝脏的脏器指数。因此，走马胎可较好地改善 AA 模型炎症状态，降低炎症因子的水平，改善踝关节的炎症病变，抑制机体免疫反应、降低氧化损伤和下调炎性介质 PGE2 表达来发挥抗类风湿性关节炎作用。

第三节　抗血栓作用

走马胎的抗血栓作用主要通过改善体内血栓形成、调节脂质代谢及改善微循环。沈诗军等（2008）研究显示，走马胎醇提液主要通过延长动物体内凝血酶原时间（prothrombin time，PT）、凝血酶时间（thrombin time，TT）和活化部分凝血活酶时间（activated partial thromboplastin time，APTT），降低凝血因子 V 和 VI 活性、全血黏度及血浆纤维蛋白原（Fg）含量，抑制机体内、外源性凝血过程，从而防止血栓形成和减轻肺组织损伤；同时走马胎提取液能够降低体内 MDA 含量、升高一氧化氮（NO）含量、增强过氧化氢酶（CAT）和 SOD 活性，抑制脂质过氧化，发挥抗氧化作用，从而稳定血管内皮细胞和调节脂质代谢；走马胎提取液还能扩张毛细血管，增加毛细血管开放数量，加快红细胞流速和流态，改善机体微循环，从而抑制体内血栓形成（戴卫波等，2018）。

走马胎多糖可通过延长动物体内 PT、APTT、TT 和血浆复钙时间（recalcification time，RT），降低血浆纤维蛋白原（fibrinogen，Fg）含量和血红蛋白的浓度，减小血细胞比容，抑制机体内、外源性凝血过程，改善血液黏度，从而阻止血栓形成和减轻肺组织损伤（戴卫波等，2018）。

第四节　抗氧化作用

走马胎根茎中岩白菜素类化合物、没食子酸和儿茶素均能清除逆境产生的自由基，具有一定的抗氧化能力。走马胎醇提液能降低模型动物大鼠、家兔体内 NO 和 MDA 含量、增强 CAT 和 SOD 活性，抑制脂质过氧化反应。大鼠巨噬细胞 NO 释放活性测试显示，酚苷类化合物（－）-4′-羟基-3′,5′-二甲氧基苯基-β-D-[6-O-（4″-羟基-3″,5″-二甲氧基苯甲酰基）]-葡萄糖苷和（－）-4′-羟基-2′,6′-甲氧基苯基-β-D-[6-O-（4″-

羟基 –3″– 甲氧基苯甲酰基）］– 葡萄糖苷抑制 NO 释放作用最强，化合物（–）–4′– 羟基 –3′– 甲氧基苯基 –β–D–［6–O–（4″– 羟基 –3″,5″– 二甲氧基苯甲酰基）］– 葡萄糖苷和（–）–3′– 羟基 –4′– 甲氧基苯基 –β–D–［6–O–（4″– 羟基 –3″,5″– 二甲氧基苯甲酰基）]– 葡萄糖苷活性较弱。体外 DPPH·清除活性测试实验显示，没食子酸、（+）–5–（1,2– 二羟戊基）– 苯 –1,3– 二醇、（–）– 表儿茶素、（–）–4′– 羟基 –3′,5′– 二甲氧基苯基 –β–D–［6–O–（4″– 羟基 –3″,5″– 二甲氧基苯甲酰基）］– 葡萄糖苷、（–）–3′– 羟基 –4′– 甲氧基苯基 –β–D–［6–O–（4″– 羟基 –3″,5″– 二甲氧基苯甲酰基）］– 葡萄糖苷均表现出很强的清除自由基能力，清除率高于80%。岩白菜素衍生物11–O–（3′–O–methy–lgalloyl）bergenin、11–O–galloylbergenin、4–O–galloylbergenin 具有显著的 DPPH·清除活性，其半数效应浓度（EC50）分别为 9.7 μmol/L、9.0 μmol/L、7.8 μmol/L。

走马胎通过降低体内 NO 和 MDA 含量，并增强 CAT 和 SOD 活性，体外抑制 NO 释放，提升 DPPH·清除率，从而起到抗氧化作用。

第五章　走马胎的临床应用

走马胎是一种传统中草药，被收集于多部医药著作中，我国西南地区人民将其作为药食两用食物及保健品更广泛地加以利用。走马胎是100种经典壮药之一，也是瑶药"七十二风"的重要组成部分，在壮医火路病常用药物中排名前十。人们在蒸炖食物时经常加入走马胎的根茎，以起到强身健体、提高免疫力的作用；其枝叶是瑶族药浴的必备材料，用于煮水泡脚、洗澡可以消除疲劳和祛除体内湿气，达到保健或治疗的效果。

走马胎以单方、复方及药酒等方式应用于临床，也被制成多种中成药，如活络止痛丸、走川骨刺酊，民间则以多种偏方形式加以利用。

第一节　传统书籍记载的应用

一、《全国中草药汇编》

中药名：走马胎。

别名：血枫、山鼠、山猪药、走马风。

药材基源：紫金牛科紫金牛属植物大叶紫金牛，以根、叶或全株入药。秋季采挖根、全株，洗净切片，晒干。夏季采叶，晒干。

味性：味苦、微辛，性温。

功能主治：祛风活血，消肿止痛。根用于风湿性关节炎、腰腿痛、跌打肿痛；叶外用治扭伤、痈疖肿毒、慢性溃疡。

用法用量：根15～50 g煎汤内服；根、叶外用适量，捣烂外敷，或用干叶研粉撒敷于患处。

二、《中药大辞典》

中药名：走马胎

别名：大发药、走马风、山鼠、血枫、山猪药。

药材基源：紫金牛科植物走马胎的根茎。秋季采挖，洗净，除去须根，晒干。

味性：味辛，性温。

功能主治：祛风湿，壮筋骨，活血祛瘀。治疗风湿筋骨疼痛、跌打损伤、产后血瘀、痈疽溃疡。

用法用量：内服可15～25 g煎汤（鲜品50～100 g）或浸酒；外用研粉调敷。

复方：走马胎根100 g，朱砂根、小罗伞各150 g，五指毛桃、土牛膝各200 g。浸酒

1500 mL，3 天可用。每日早晚各服 100 g，兼用药酒外擦患处，治跌打损伤、风湿骨痛（出自《广西中草药》）。

三、《中华本草》

中药名：走马胎

别名：大发药、走马风、山鼠、血枫、九丝马、马路、山猪药。

药材基源：紫金牛科植物走马胎的根及根茎。秋季采挖，洗净，鲜用，或切片晒干。

味性：味苦、微辛，性温。

功能主治：祛风湿，活血止痛，化毒生肌。主治风湿痹痛、产后血瘀、痈疽溃疡、跌打肿痛。

用法用量：内服可 9 ～ 15 g 煎汤（鲜品 30 ～ 60 g）或浸酒。外用则适量研粉调敷。

四、其余各家论述

《生草药性备要》：味劫辛，性温。祛风痰，除酒病，治走马风。

《岭南采药录》：味辛，性温。壮筋骨，祛风祛湿，除酒病，治走马风，理跌打伤，止痛，治四肢疼痛，俱水煎服。

《陆川本草》：甘，平。祛风湿，治风湿骨痛，风瘫鹤膝。

《本草纲目拾遗》：研粉敷痈疽，长肌化毒，收口如神。

《本草求原》：壮筋骨，已劳倦。

《广西中药志》：活血行血。治产后血瘀。

《贵阳民间药草》：治风湿疼痛，走马胎根适量，煎水外洗。治狐臭，走马胎根研为细末，加入米饭混合成团，搓揉腋下，四五次可好。治嘴歪风（面神经麻痹），鲜走马胎根 60 g，枫香树根皮 15 g，混合捣烂外敷（歪左包右，歪右包左）。

《湖南药物志》：治跌打内伤，走马胎根适量，浸酒服。

《贵州民间方药集》：治胃痛、口吐清水，走马胎 16 g，瓜子金 10 g，水煎服，每日 2 次。治尿结石，走马胎皮、赤茯苓、胆草、天泡果各 3 g，车前草一兜，水煎服，每日 1 剂，分 3 次服。

《彩图中国百草良方》：走马胎根 15 ～ 30 g 煎服，可以治疗产后风瘫。走马胎叶水煎或浸酒服用，可以治疗产妇月内风。走马胎叶 1 片、莲子草 60 g 煎服，可以治疗崩漏。走马胎鲜叶捣烂外敷或煎水洗患处，可以治疗疮疖肿痛。

《潮汕青草药彩色全书》：走马胎、络石藤、金不换各 15 ～ 30 g 煎服，可以治疗跌打扭伤。

《常用壮药 100 种》：走马胎、扶芳藤、玉竹、七叶莲、大叶千斤拔、金钱草、高山榕 7 味药材的鲜叶捣烂外敷，可以治疗骨折。

第二节 临床研究及应用

一、治疗类风湿性关节炎

单煎30 g走马胎，同时以雷公藤多苷片为对照，用于治疗类风湿性关节炎。3个月后，走马胎组的疼痛指数、肿胀指数降低，关节活动指数增加，血沉下降，类风湿因子转阴；走马胎组与雷公藤多苷片组的总有效率相近（分别为88.1%、90.2%，$P > 0.05$），但走马胎组没有出现雷公藤多苷片组的纳差、腹胀、停经等毒副作用，临床用药更为安全（唐亚平，2007）。许勇章（2009）用含有走马胎的处方（何首乌、鹿角胶、白芍、鸡血藤、走马胎、独活、乌梢蛇等）制成鹿龟汤内服，同时辅以灵消汤外敷于患处，治疗类风湿性关节炎的总有效率达到92.8%。

二、治疗风湿性关节炎

当归12 g，白芍15 g，熟地黄12 g，川芎8 g，走马胎12 g，地骨皮12 g，续断12 g，徐长卿12 g，石膏20～80 g，红背山麻秆30 g，白背叶30 g，煎汤，再用药汤炖小公鸡服用，治疗风湿性关节炎。每日1次或隔日1次，连续服用15次为1个疗程，用药1～2个疗程，临床痊愈率为25%，总有效率为90%。

走马胎、半枫荷、钩藤根、黄花倒水莲、香花崖豆藤、小柘树、络石藤各15 g，豺皮樟10 g，当归12 g，配猪蹄1只煎服，治疗下身风湿腰腿痛。走马胎有缓解风湿腰腿痛的作用，特别是对一些中老年人常见的风湿疾病调理效果较好。

走马胎15 g，红背叶30 g，老鼠耳15 g，链珠藤12 g，牛膝10 g，牛大力、香花崖豆藤、枫寄生各15 g，水煎服，每日1剂，分2次服，可治疗脚部风湿性关节炎。

走马胎、金缕半枫荷、五加皮各15 g，酒、水各半合煎内服，对风湿性关节炎有一定疗效。

三、治疗痛风性关节炎

走马胎20 g，薏苡仁15 g，岩川芎15 g，威灵仙15 g，虎刺15 g，续断15 g，牛膝15 g，八角莲15 g，四肢通15 g，煎汤，每日1剂，连服7剂。走马胎30 g，岩川芎20 g，威灵仙20 g，两面针20 g，牛膝20 g，八角莲20 g，四叶风30 g，四肢通20 g，见风消20 g，煮水，待水温适宜后浸泡双脚30 min，每日2次，每剂药可连续使用多次，每次浸泡前先加热。连续治疗1周，痛风性关节炎痊愈率为94%，且极少复发。

炒山甲（养殖）15 g，皂角刺12 g，乌梢蛇15 g，枫香寄生30 g，忍冬藤18 g，地龙12 g，威灵仙18 g，桑枝30 g，走马胎18 g，蜈蚣3条，鸡血藤18 g，水煎服，对痛风具有较好疗效。

四、治疗骨质增生

苗药天王酒是长角苗的故乡——六枝特区梭嘎乡的苗族同胞常用于治疗各种关节性疾病的验方，主要成分：走马胎、四大天王、木瓜、威灵仙、蜈蚣、竹叶青、五香血藤、母猪藤、落地生根、透骨香、石南藤、伸筋草、松节、水蛭、地牯牛、滚山珠、见血飞、十大功劳。贵州省六枝特区人民医院于 2003 ~ 2007 年使用天王酒治疗各种骨质增生患者 270 多例，30 天后，显效 48 例，占 18.5%；好转 204 例，占 74.9%；无效 18 例，占 6.6%。总有效率为 93.4%（熊惠江等，2008）。

走马胎 25 g，观音莲 20 g，接骨木 25 g，络石藤 25 g，每日 1 剂，煎水分 3 次服，连服 7 日为 1 个疗程。龙智忠（2007）利用此方联合鲜川芎捣烂外敷于患处，治疗骨质增生 48 例，痊愈 15 例，好转 28 例，总有效率达 89.5%。

五、治疗麻痹症

广州市第三人民医院以走马胎、了哥王、马瓟儿、桑枝各 50 g 组成的热痹方，煎汤温服，每日 1 剂，治疗麻痹症中的热痹症，总有效率达 80%。

六、治疗雷诺氏病

走马胎 16 g，七叶一枝花 16 g，黄芪 10 g，当归尾 10 g，桑寄生 10 g，桂枝 10 g，牛膝 10 g，乳香 6 g，没药 6 g，威灵仙 10 g，皂角刺 6 g，浸泡于米双酒或米三花酒 1500 mL 中，3 周后去渣服用，每次服 15 ~ 40 mL，每日 3 ~ 4 次，治疗雷诺氏病。连服半个月后，全部症状消失。随访 5 年半，疗效巩固。

七、治疗痛经

中医利用走马胎治疗痛经效果好，副作用小，具有扶正固本、清热解毒、活血化瘀、消炎止痛、祛湿、利水、调节内分泌等功效。王拥军通过辨证认识到瑶医古方（走马胎、月季花根、过江龙、水杨柳、凤仙花、香附、臭牡丹、土当归、算盘子蔸、威灵仙、翻白草、益母草、鸡冠花、天冬）与痛经施治的关系，认为在月经来的前一周开始服用该方，可以有效缓解痛经。

八、民间使用

走马胎叶制成袋泡茶，服用 1 个月，可明显改善老年人漏尿。孕妇生产后，使用走马胎叶煮水洗澡可祛除恶露。将走马胎干燥根研磨成粉，外敷于患处，每日换药 1 次，可治疗痈疮肿毒。

第三节　含走马胎的中成药

一、活络止痛丸

品名：活络止痛丸。

主要成分：鸡血藤、何首乌、过岗龙、牛大力、豨莶草、豆豉姜、半枫荷、两面针、臭茉莉、走马胎、威灵仙、连钱草、千斤拔、独活、穿破石、薏苡仁、五指毛桃、钩藤、山白芷、宽筋藤。辅料为炼蜜。

用法用量：口服。水蜜丸每次 4 g，大蜜丸每次 1 丸，每日 3 次。

功能主治：活血舒筋，祛风除湿。用于治疗风湿痹痛、手足麻木酸软。

二、风湿筋骨胶囊

品名：风湿筋骨胶囊。

主要成分：制川乌、红花、血竭、羌活、干姜、鸡血藤、何首乌、两面针、走马胎、威灵仙、连钱草、千斤拔、独活、薏苡仁、五指毛桃、钩藤、山白芷、宽筋藤等。

用法用量：每日 3 次，饭后服用，每次 4～6 粒。

功能主治：治疗风湿性关节炎、类风湿性关节炎、骨质增生、肩周炎、颈椎病、老寒腿、坐骨神经痛、风湿骨痛、腰肌劳损、痛风、跟骨刺等。

三、走川骨刺酊

品名：走川骨刺酊。

主要成分：走马胎、川芎、红杜仲、骨碎补、天南星、水半夏、草乌。

用法用量：外用，擦于患处或用药棉浸泡后敷于患处，每日 2 次。

功能主治：活血祛瘀，通络止痛。用于治疗瘀血阻滞所致的骨痹（骨质增生）、关节疼痛刺痛等。

第四节　走马胎药酒

一、驱风蛇酒

品名：驱风蛇酒。

主要成分：蛇肉（养殖蕲蛇肉为佳）1500 g，当归、炙黄芪、川芎、白芍、白芷、续断、菊花、酸枣仁（炒）各 10 g，宽筋藤、秦艽、走马胎、熟地黄、五加皮、牛膝各 13 g，炙党参、菟丝子、杜仲各 19 g，远志、干姜各 12 g，枸杞子、威灵仙各 25 g，独活 6.5 g，龙眼肉 200 g，陈皮 5 g，大枣 400 g，50 度白酒 3000 mL，40 度白酒 1640 mL。

制作方法：先将蛇肉用白酒适量润透，蒸熟，冷却后置于容器中，加入 50 度白酒，密封，浸渍 90 日；将其余 25 味药捣碎置于容器中，加入 40 度白酒，密封，浸泡 45～50 日，合并滤液和榨出液，加入香精适量，搅匀、滤过，即成。

用法用量：口服每次 30～60 mL，每日 3 次。外用则将此酒烫热涂擦于患处，每日 3～4 次。

功能主治：祛风祛湿，活络强筋，通络止痛。用于治疗风湿性关节炎、手足麻木不舒等症。

配方来源：《药酒汇编》。

二、半枫荷药酒

品名：半枫荷药酒。

主要成分：半枫荷、走马胎、五加皮、威灵仙、川芎、海风藤、千年健、骨碎补、防风、续断、川乌、木瓜、当归、天南星、牛膝、防己、羌活、狗脊、稀签草、蒺藜、独活、杜仲、茯苓、黄芪、桑寄生。

用法用量：口服，一次 30～60 mL。

功能主治：祛痰祛湿。用于治疗手脚浮肿、四肢麻痹、干湿脚气。

三、马鬃蛇药酒

品名：马鬃蛇药酒。

主要成分：马鬃蛇（养殖，干）、走马胎、千斤拔、黑老虎根、杜仲藤、桑寄生、龙须藤、鸡血藤、牛大力、山苍子、半枫荷、狗脊、金樱子。

用法用量：口服，每次 15～30 mL，每日 1～2 次。

功能主治：祛风湿，通经络，消肿痛，强筋骨。用于治疗腰肌劳损、风湿腰腿痛、关节痛。

四、通血脉药酒

品名：通血脉药酒。

主要成分：走马胎 30 g，七叶一枝花 30 g，当归尾 30 g，桑寄生 30 g，威灵仙 30 g，牛膝 15 g，桂枝 15 g，黄芪 15 g，党参 15 g，红花 15 g，桃仁 15 g，皂角刺 15 g，制乳香 9 g，制没药 9 g，桂林三花酒 2500～3000 mL。

制作方法：将前 14 味药捣碎，置于容器中，加入桂林三花酒，密封，浸泡 3 周后，过滤去渣，即成。

用法用量：口服，每次 20～100 mL，以不醉为度，每日 4～6 次，1 个月为 1 个疗程，每个疗程后停药 3 ～ 5 日。

功能主治：温经活络，活血通脉。用于治疗血栓闭塞性脉管炎。此药酒主要适用于寒湿凝滞型（寒凝血脉，阳气不达肢端，继而患肢麻木疼痛，皮色苍白、触之冰凉、遇冷加重）和瘀血阻闭型偏寒者（瘀血阻滞，络脉闭塞，患肢紫红色或青紫色，足背动脉搏动消失）。

五、清痹通络药酒

品名：清痹通络药酒。

主要成分：飞龙掌血、透骨香、云实皮、走马胎、铁筷子、茜草、三角风、大血藤、伸筋草、川木通。

用法用量：口服，每次 25 ～ 50 mL，每日 2 次。

功能主治：用于治疗痛风、风湿、类风湿引起的疾病。

第六章　走马胎种质资源收集和评价

种质资源是指选育新品种的基础材料，包括植物的栽培种、野生种的繁殖材料以及利用上述繁殖材料人工创造的各种植物的遗传材料。收集种质资源并建立种质资源圃是对一个物种进行开发利用的前提和基础，而对收集到的种质资源进行科学的评价才能更好地发挥其价值，为社会经济发展做出贡献。我们收集引种了主产区广西境内的走马胎野生资源，在广西壮族自治区中国科学院广西植物研究所（以下简称广西植物研究所）试验基地内建立了种质资源圃并对走马胎种质资源进行综合评价。

第一节　资源收集

一、选择依据

根据前期对广西境内走马胎种质资源的 ISSR 分子标记研究结果，可知绝大多数种质资源来自相同或邻近地区的个体严格按照地理位置聚为相同的一类或亚类，即走马胎资源具有严格的地理分布特征，并通过聚类分析被划分成 5 类（毛世忠等，2017）。

二、收集方法

2016～2020 年，我们开展了走马胎野外资源调查。采用样线调查法，在广西境内于不同季节、不同物候期、不同生境，进行多次野外走马胎资源调查，对所采集的植物进行拍照、GPS 定位；对重要和特有的植物种类进行 DNA 分子材料、种子或枝条材料的收集，并对其信息做详细记录，包括采集地点、采集人、采集日期、生境、性状、经纬度、海拔等。进行种质资源收集时，结合聚类分析将收集区域分为桂北、桂中、桂南、桂西北，再根据生境分别采集土山和石灰岩地区的种质。收集的材料类型有活植株、插穗材料和种子，收集方式包括实地购买和野外采集。

三、结果

从桂北地区的灵川、临桂、恭城，桂中地区的金秀、融水，桂南地区的宁明、上林、上思，桂西北地区的靖西、天等、那坡、德保等地采集土山和石灰岩地区的走马胎种质资源 14 份，共 151 株。具体记录见表 6-1。

表6-1　广西走马胎种质资源收集采样记录表

编号	采集时间	采集地点	海拔（m）	生境	数量（株）
1	2016年12月8日	灵川县	700	竹林下（家种）	25
2	2016年10月24日	融水苗族自治县	322	山谷林下	15
3	2016年12月11日	金秀瑶族自治县	794	沟谷	12
4	2016年12月31日	那坡县	445	林下	3
5	2017年1月1日	那坡县	400	石山	5
6	2016年9月24日	上林县	380	沟谷	8
7	2017年1月10日	宁明县	390	沟谷	15
8	2017年1月16日	上思县	500	林下	12
9	2017年6月11日	德保县	800	沟谷	5
10	2017年6月12日	德保县	650	石山	3
11	2017年6月13日	天等县	601	沟谷	10
12	2017年6月15日	靖西市	650	沟谷	10
13	2017年6月22日	恭城瑶族自治县	453	林下	21
14	2017年11月1日	临桂区	680	沟谷	7

第二节　种质资源圃建立

一、种质资源圃场地选择

通过野外调查发现，走马胎对土壤条件要求不高，既可分布于土层深厚的土山，也可生长在土壤较少夹杂碎石的石灰岩地区，并且在广西境内大多数地区均有其原生地。但是走马胎对光照条件要求较高，生长在树木密集、郁闭度高的地方的走马胎植株叶片宽厚、色泽明亮，茎干粗，植株也较高；而生长在林缘附近或光斑较大的林下的走马胎植株叶片小、无光泽，植株生长弱，并且常有叶片灼伤、亲梢枯死的现象。通过光合特性研究确定，走马胎在透光度为20.2%的光照环境下生长最好（毛世忠等，2016）。因此，我们在位于桂林的广西植物研究所试验基地内选择郁闭度80%左右，土层深厚、肥沃，地势平坦的林下建立走马胎种质资源圃。

种质资源圃一角

二、材料种植及扩繁

先对选定建立种质资源圃的场地进行分区，深耕并平整土地，起宽为 1.3 m 的垄。将收集的种质资源按照来源地分区种植，挂牌记录采集地点、采集时间、采集人、种植时间及数量等，同时绘好种植图谱，并做好水肥管理及病虫害防治。为了扩大资源数量，对采集的种子和插穗材料进行播种和扦插繁殖。

三、结果

建立了面积约 2 亩[*]的走马胎种质资源圃 1 个，引种成活不同地区不同生境种质 14 份共 139 株，通过播种和扦插方式繁殖植株 2335 株，可为深入研究走马胎提供充足的种源保障。走马胎种质资源圃保存情况具体见表 6-2。

表 6-2　走马胎种质资源圃保存记录表

编号	种质来源	各种质类型保存数量（株）			总保存数量（株）
		引种植株数量	播种植株数量	扦插植株数量	
1	灵川县	23	408	165	596
2	融水苗族自治县	15	112	98	225
3	金秀瑶族自治县	11	140	75	226
4	那坡县林下	3	0	3	6
5	那坡县石山	4	0	15	19
6	上林县	7	0	56	63
7	宁明县	14	85	80	179
8	上思县	12	0	25	37

[*] 亩为非法定计量单位，1 亩 ≈ 666.67 m²。

续表

编号	种质来源	各种质类型保存数量（株）			总保存数量（株）
		引种植株数量	播种植株数量	扦插植株数量	
9	德保县沟谷	5	256	12	273
10	德保县石山	2	0	0	2
11	天等县	8	0	30	38
12	靖西市	9	0	66	75
13	恭城瑶族自治县	19	372	131	522
14	临桂区	7	175	31	213

第三节　种质资源适应性观察

一、观测指标选择

种质资源圃收集引种的走马胎植株来自不同的地区和生态环境，通过引种离开了原生境，判断其能否适应新的环境，是否符合人工栽培和生产要求，适应性观测、评价是首要的、必不可少的一环。适应性评价的方法和观点有很多种，观测指标各不相同。根据长期从事植物引种保存经验，结合前期研究中引种的走马胎实际表现，本研究采用黄仕训等（2006）提出的用生殖生长、营养生长情况，抗寒性或度夏能力等作为走马胎引种适应性观测打标，并作适当调整。

二、结果与分析

通过对引种植株的开花情况、茎干和叶片生长情况、夏季高温和冬季低温反应等指标进行观测记录，从收集引种的走马胎种质资源中初步筛选出适应性相对好的引种群体5个，即融水、金秀、靖西、恭城、临桂引种群体，作为育种中间材料及种苗繁殖材料。具体结果见表6-3。从表6-3中可看出，各走马胎种质资源在桂北地区都能生长、开花、结实。其中，灵川、恭城、临桂的走马胎种质资源适应性强，长势较好。

表6-3　走马胎引种植株适应性指标观测记录表

编号	采集地点	是否开花	花量	茎粗情况	茎高情况	叶片情况	越夏情况	越冬情况	适应性
1	灵川县	是	较多	粗	高	大、厚	一般	好	好
2	融水苗族自治县	是	较多	粗	一般	大、厚	较好	好	较好

续表

编号	采集地点	是否开花	花量	茎粗情况	茎高情况	叶片情况	越夏情况	越冬情况	适应性
3	金秀瑶族自治县	是	多	粗	较高	大、厚	较好	好	好
4	那坡县林下	是	一般	较粗	较高	大、厚	好	一般	一般
5	那坡县石山	是	少	较粗	较高	窄、薄	好	一般	一般
6	上林县	是	较多	一般	一般	大、厚	好	一般	一般
7	宁明县	是	较多	较粗	较高	大、厚	好	一般	较好
8	上思县	是	一般	较粗	较高	大、厚	好	一般	较好
9	德保县沟谷	是	较多	粗	较高	大、厚	好	一般	较好
10	德保县石山	是	较多	较粗	一般	大、厚	好	一般	较好
11	天等县	是	较多	较粗	一般	大、厚	较好	一般	一般
12	靖西市	是	多	较粗	较高	大、厚	好	好	较好
13	恭城瑶族自治县	是	较多	粗	高	大、厚	较好	好	好
14	临桂区	是	较多	粗	高	大、厚	较好	好	好

第七章　走马胎种子萌发影响因素研究

播种繁殖是农业生产中最传统、最主要的繁殖方式，但由于遗传背景和生物学特性不同，各物种种子萌发的影响因素不同，萌发情况也存在巨大差异。如一些物种的种子需要随采随播，否则会在短期内失去活力，但是一些生理后熟的种子，则只有经过科学贮藏后才能萌发。走马胎种子的种皮结构较为疏松，水分、空气容易透过，但种子内部结构坚硬，需要进行科学处理才能高效萌发成优质种苗。

一、材料与方法

（一）试验材料

2021 年 12 月，在广西桂林市恭城瑶族自治县平安乡（110° 93′ 54″ E、24° 88′ 64″ N，海拔 330 m）采集郁闭度为 75% ～ 85% 的杉木林下走马胎的成熟红色果。带回实验室，洗净果肉，风干备用。

（二）试验方法

1. 不同浸种时间对走马胎种子发芽率的影响

将走马胎种子在纯净水中分别浸泡 0 d、1 d、2 d、3 d、4 d、5 d，浸泡完成后取出备用，随后播种于营养土（主要成分为珍珠岩、木屑、蛭石等）中，后期视情况而定，做好定期浇水、遮光、除草等管理工作。以胚芽长等于种子长度一半为发芽标准，每天记录发芽的种子数量，直至连续 15 d 无种子萌发视为萌发结束。发芽率为萌发试验结束后发芽的种子数占供试种子总数的百分比，下同。

2. 不同土壤含水量对走马胎种子发芽率的影响

将走马胎种子分别播种于含水量为 70%、50%、30% 的营养土中，每个处理 50 粒种子，重复 3 次。

3. 不同播种深度对走马胎种子发芽率的影响

将走马胎种子分别播种于深度为 0 cm、1 cm、3 cm、5 cm 的营养土中，每个处理 50 粒种子，重复 3 次。

4. 不同光照条件对走马胎种子发芽率的影响

将走马胎种子分别播种于全黑和自然光 2 种光照条件下的营养土中，每个处理 50 粒种子，重复 3 次。

5. 不同基质对走马胎种子发芽率的影响

将走马胎种子分别播种于沙土、肥土、黄土、山苍子壳、1/2（黄土 + 肥土）、1/2（黄土 + 山苍子壳）6 种基质中，每个处理 50 粒种子，重复 3 次。

6. 赤霉素对走马胎种子发芽率的影响

将走马胎种子分别浸泡于浓度为 0 mg/L、50 mg/L、100 mg/L、200 mg/L、400 mg/L、600 mg/L 的赤霉素中 6 h、12 h，将浸泡后的种子取出，播种于营养土中，每个处理 50 粒种子，重复 3 次。

7. 6–BA 对走马胎种子发芽率的影响

将走马胎种子分别浸泡于浓度为 10 mg/L、50 mg/L、100 mg/L、200 mg/L、400 mg/L 的 6–BA 溶液中 6 h、12 h，将浸泡后的种子取出，播种于营养土中，每个处理 50 粒种子，重复 3 次。

8. NAA 对走马胎种子发芽率的影响

将走马胎种子分别浸泡于浓度为 10 mg/L、50 mg/L、100 mg/L、200 mg/L、400 mg/L 的 NAA 溶液中 6 h、12 h，将浸泡后的种子取出，播种于营养土中，每个处理 50 粒种子，重复 3 次。

（三）数据分析

试验结果采用 SPSS 26.0 软件进行分析。

二、结果与分析

（一）不同浸种时间对走马胎种子发芽率的影响

不同浸种时间对走马胎种子发芽率的影响如表 7–1 所示。由表可知，走马胎种子发芽率随浸种时间（0 ～ 5 d）增加呈先升后降再升再降的趋势，当浸种时间为 3 d 时，走马胎种子发芽率最高，为 64%。当浸种时间为 0 d、2 d 时，走马胎种子发芽率最低，为 52%。

表 7–1　不同浸种时间对走马胎种子发芽率的影响

浸种时间（d）	发芽率（%）
0	52e
1	56d
2	52e
3	64a
4	62b
5	60c

注：表中同列不同小写字母表示在 $P < 0.05$ 水平存在显著差异，下同。

（二）不同土壤含水量对走马胎种子发芽率的影响

不同土壤含水量对走马胎种子发芽率的影响如表 7–2 所示。由表可知，当土壤含水量为 50% 即相对湿润时，种子发芽率最高，为 60%。而当土壤含水量为 30% 时，走马胎种子发芽率为 58%，仅显著高于土壤含水量为 70% 时的发芽率。

表 7–2　不同土壤含水量对走马胎种子发芽率的影响

土壤含水量（%）	发芽率（%）
70	46c
50	60a
30	58b

（三）不同播种深度对走马胎种子发芽率的影响

不同播种深度对走马胎种子发芽率的影响如表 7–3 所示。由表可知，播种深度为 5 cm 时，走马胎种子发芽率最低（0%），且显著低于播种深度为 0 cm、1 cm、3 cm 时的发芽率；当播种深度为 1 cm 时，种子发芽率为 54%，极显著高于其他播种深度条件的发芽率。

表 7–3　不同播种深度对走马胎种子发芽率的影响

播种深度（cm）	发芽率（%）
0	46b
1	54a
3	14c
5	0d

（四）不同光照条件对走马胎种子发芽率的影响

不同光照条件对走马胎种子发芽率的影响如表 7–4 所示。由表可知，全黑条件下的种子发芽率为 58%，显著高于自然光下 54% 的发芽率。

表 7–4　不同光照条件对走马胎种子发芽率的影响

光照条件	发芽率（%）
全黑	58a
自然光	54b

（五）不同基质对走马胎种子发芽率的影响

不同基质对走马胎种子发芽率的影响如表 7–5 所示。由表可知，6 种不同的基质中，发芽率由高到低排序为肥土＞沙土 =1/2（黄土＋肥土）＞黄土＞山苍子壳＞ 1/2（黄土＋

山苍子壳）。走马胎种子在肥土基质中萌发效果最好，其发芽率（62%）显著高于其他基质条件下的发芽率；在 1/2（黄土 + 山苍子壳）基质中走马胎种子萌发效果最差，其发芽率仅为 42%。

表 7-5　不同基质对走马胎种子发芽率的影响

基质	发芽率（%）
沙土	58b
肥土	62a
黄土	46c
山苍子壳	44d
1/2（黄土 + 肥土）	58b
1/2（黄土 + 山苍子壳）	42e

（六）赤霉素对走马胎种子发芽率的影响

赤霉素对走马胎种子发芽率的影响如表 7-6 所示。由表可知，走马胎种子在赤霉素浓度为 50 mg/L、浸泡时间为 6 h 的条件下，发芽率达 62%，呈显著最高水平；在赤霉素浓度为 0 mg/L、100 mg/L、600 mg/L 条件下浸泡 6 h 及在赤霉素浓度为 100 mg/L 条件下浸泡 12 h 的发芽率（60%）仅显著低于在赤霉素浓度 50 mg/L 条件下浸泡 6 h 的发芽率；在赤霉素浓度为 400 mg/L 条件下浸泡 6 h 的发芽率呈最低水平，仅为 46%。另外，当赤霉素浓度分别为 100 mg/L、200 mg/L 时，不同的浸泡时间不影响其发芽率，分别保持在 60%、58%。

表 7-6　赤霉素对走马胎种子发芽率的影响

浸种时间（h）	浓度（mg/L）	发芽率（%）
6	0	60b
	50	62a
	100	60b
	200	58c
	400	46f
	600	60b
12	0	58c
	50	58c
	100	60b
	200	58c
	400	48e
	600	50d

（七）6–BA 对走马胎种子发芽率的影响

6–BA 对走马胎种子发芽率的影响如表 7–7 所示。由表可知，走马胎种子在不同浓度的 6–BA 中浸泡 6 h、12 h 后，发芽率由高到低呈以下顺序：浓度为 10 mg/L、100 mg/L 浸泡 6 h（发芽率为 62%）＞浓度为 50 mg/L、400 mg/L 浸泡 6 h ＝浓度为 10 mg/L、200 mg/L 浸泡 12 h（发芽率为 60%）＞浓度为 100 mg/L、400 mg/L 浸泡 12 h（发芽率为 56%）＞浓度为 50 mg/L 浸泡 12 h（发芽率为 54%）＞浓度为 200 mg/L 浸泡 6 h（发芽率为 50%）。

表 7–7　6–BA 对走马胎种子发芽率的影响

浸种时间（h）	浓度（mg/L）	发芽率（%）
6	10	62a
	50	60b
	100	62a
	200	50e
	400	60b
12	10	60b
	50	54d
	100	56c
	200	60b
	400	56c

（八）NAA 对走马胎种子发芽率的影响

NAA 对走马胎种子发芽率的影响如表 7–8 所示。由表可知，走马胎种子在 NAA 浓度为 400 mg/L 条件下浸泡 12 h 后的发芽率最高，为 64%，且显著高于其他 9 个条件；在 NAA 浓度为 50 mg/L 条件下浸泡 12 h 后的走马胎种子发芽率（52%）显著低于其他 9 个条件下的发芽率；在 NAA 浓度和浸泡时间分别为 50 mg/L、6 h 及 100 mg/L、12 h 两个条件下的走马胎种子发芽率均为 54%，仅显著高于在 NAA 浓度为 50 mg/L 条件下浸泡 12 h 的发芽率（52%）。

表 7-8　NAA 对走马胎种子发芽率的影响

浸种时间（h）	浓度（mg/L）	发芽率（%）
6	10	60b
	50	54e
	100	58c
	200	56d
	400	60b
12	10	60b
	50	52f
	100	54e
	200	56d
	400	64a

三、结论和讨论

走马胎分布于我国云南、广西等省（区），多野生于沟谷、溪边或林荫潮湿地，喜温暖湿润、阴凉环境，繁殖方式一般为种子繁殖。走马胎具有很高的药用价值，针对野生资源枯竭，市场需求旺盛的现状，为更好地开发和利用走马胎资源，进行规范化种植是实现产业可持续发展的必然途径（龙杰超等，2017）。发芽率指测试种子发芽数占测试种子总数的百分比，是检测种子品质的重要指标之一（何龙生等，2019）。诸多研究表明，环境因子是影响许多中药材种子发芽率高低的最为重要的因素。为提高中药材种子的发芽率，需对关键生态因子的影响进行全面、系统的研究。

本研究结果显示，直接播种的走马胎种子发芽率为 52%，而浸种 3 d 后播种的走马胎种子发芽率高达 64%。浸种后的走马胎种子比直接播种的萌发更加快速，而过长时间的浸种也会导致种子发芽率略有下降，说明适当时间的浸种处理令种子吸收到足够的水分，可以有效提高走马胎种子的发芽率。为了探讨高湿度环境对走马胎种子发芽是否更为有利，在本次试验中采取了不同土壤含水量的处理方式，结果显示，随着土壤含水量的上升（30% ～ 70%），走马胎种子发芽率呈先升后降趋势，当土壤含水量为 50% 即相对湿润时，种子发芽率达到最高（60%）。这表明走马胎种子发芽率受土壤含水量的影响比较大，相比之下，更适合在适宜湿度的条件下发芽。

不同的播种深度具有特定的土壤温度、土壤湿度和含氧量等条件，能够共同作用于植物种子发芽（肖妮洁等，2022）。因此，应根据种子的各自特点，选择比较适宜的播种深度。本研究表明，播种深度在 0 ～ 5 cm 范围内，随着播种深度的增加，走马胎种子发芽率呈先升后降趋势，其最适播种深度为 1 cm，此条件下种子发芽率为 54%，极显著高于其他播种深度条件下的发芽率。因此，走马胎种子更适合浅播，播种过深会阻碍种子的萌发。

周泽建等（2023）的研究表明，走马胎为典型的阴生植物，植株适应弱光的能力较强，自然条件下种植走马胎时，建议选择郁闭度较高的林型进行林下种植。本研究结果与以上结果相一致，即在较暗环境中走马胎发芽率明显高于自然光环境，全黑环境对走马胎种子发芽更为有利。同时，在试验期间发现在全黑状态下发芽的走马胎幼苗光合能力较弱，若直接增加光照强度或直接接受自然光照射容易产生苗木死亡的情况，故生产中为增强走马胎幼苗的适应性需逐渐增加其光照强度。

土壤因子作为重要的环境因子，土壤基质也是影响走马胎种子生长发育的重要因素之一。因此，除土壤含水量外，本研究对走马胎在不同土壤基质中种子的发芽率也进行了进一步的试验。由结果可知，与沙土、黄土、山苍子壳等其他几种基质相比，走马胎种子在肥土基质中萌发效果最好，其发芽率（62%）显著高于其他基质条件的发芽率。这可能是因为相对于其他基质，肥土的腐殖质丰富，疏松性、透气性更强，更利于走马胎种子的萌发，这与魏蓉等（2022）的研究结果相一致。

赤霉素、6-BA、NAA 等植物生长调节剂可提高中药材种子的发芽率，还可促进植物营养器官的生长和发育，因此植物生长调节剂浸种在中药材种苗生产中广为应用。但不同中药材种子所适用的植物生长调节剂种类和浓度差异较大，在大规模使用前需对具体参数进行确定。本试验表明，走马胎种子在赤霉素浓度为 50 mg/L、浸泡时间为 6 h 的条件下发芽率最高，为 62%；在 6-BA 浓度为 10 mg/L、100 mg/L，浸泡 6 h 条件下，走马胎种子发芽率最高，为 62%；在 NAA 浓度为 400 mg/L 条件下浸泡 12 h 后的走马胎种子萌发率最高，为 64%。综合考量，NAA 处理更利于走马胎种子萌发，本试验结果与其他研究（2012）基本一致。

综合以上研究结果可知，将浸泡 3 d 或用 400 mg/L NAA 浸泡 12 h 的走马胎种子播于含水量为 50% 的肥土基质中 1 cm 深度位置，保持黑暗条件，可有效提高其发芽率。

第八章　萘乙酸对野生药用植物走马胎扦插繁殖的影响

扦插繁殖操作简单，成本低廉，是农业生产中常用的一种繁殖方法。植物的多种器官均可用于扦插繁殖，还能根据扦插材料的生长发育规律和生产需要，在一年中多个季节进行扦插繁殖。走马胎具有很高的药用价值，药材主要来源于野生资源，因过度采挖利用，有些分布点已经很难见到走马胎的踪影。为了有效保护和可持续利用走马胎野生资源，对其进行了扦插繁殖研究，为走马胎的人工繁殖提供理论基础和依据。

一、试验场地概况

试验场地设在广西植物研究所的繁育基地。广西植物研究所位于桂林市南郊，属中亚热带季风气候区，年均气温 19.1 ℃，年均降水量 1887.6 mm，降水主要集中在 4～8 月，年均相对湿度 76%，土壤为酸性红壤，pH 值为 4.0～6.0。

二、材料与方法

（一）材料

选用 2009 年 5 月采自广西靖西的正在开花的野生走马胎植株（高 1.5～2 m），去根、叶，截成 60 cm 左右的枝条，保湿包装后带回广西植物研究所繁育基地进行处理。

（二）方法

将走马胎植株已木质化的茎干截成长 10～12 cm、上端平剪、下端剪成马口形的插穗，插穗穗茎的大小为（13.23±2.38）mm。插穗设置 6 个处理：（1）清水对照浸泡 24 h；（2）NAA 浓度 100 mg/L 浸泡 24 h；（3）NAA 浓度 200 mg/L 浸泡 18 h；（4）NAA 浓度 300 mg/L 浸泡 12h；（5）NAA 浓度 400 mg/L 浸泡 2 h；（6）NAA 浓度 500 mg/L 浸泡 30 s。每个处理设 3 个重复，每个重复 20 根插穗，共 360 根。扦插基质为干净河沙，将处理好的插穗插入沙床，插入深度为插穗的 2/3，株行距为 6 cm×7 cm，淋透水，覆盖薄膜和遮光度 75% 的遮阳网，保持基质湿润，定时检查生根情况。2 个月后，检查并记录所有处理的生根率、不定根数量、根长、根干重、苗高及芽形成数量等试验指标。根干重的测定：剪取各处理的所有不定根，分别置于烘箱中烘干，直至恒重，烘箱温度设置为 80 ℃。

（三）数据分析

应用 Excel 和 SPSS 17.0 进行数据整理，采用 one-way ANOVA 进行比较检验分析。

三、结果与分析

根是植物为适应陆地生活在进化中逐渐形成的器官，具有吸收、固着、输导、合成、储藏和繁殖等功能，植物生长所需要的物质，大部分是由根自土壤中取得。不定根是植物根系的重要组成部分，不定根的多少和长短是根系是否发达的重要标志，也是植物插穗能否形成独立植株和生长快慢的决定因素。

走马胎插穗扦插 1 个月后，检查枝条生根情况，发现所有处理的 1 年生嫩枝都已经生根，NAA 浓度为 400 mg/L 和 500 mg/L 的处理与其他处理相比，根形成较多。老枝中只有 NAA 浓度为 400 mg/L 的处理有个别枝条生根，但根量少，其他处理未见生根。表 8-1 和表 8-2 是扦插 2 个月后检查的结果。

表 8-1 不同浓度 NAA 处理对走马胎插穗生根的影响

编号	处理	生根率（%）	不定根数量（条）	根长（cm）	根干重（g）
1	CK	93.33 ± 2.89Aab	12.72 ± 3.03Cc	4.04 ± 1.13Aab	0.44 ± 0.10Aab
2	100 mg/L NAA	93.33 ± 7.64Aab	22.33 ± 3.92AaBb	3.91 ± 0.84Aab	0.55 ± 0.22Aab
3	200 mg/L NAA	90.00 ± 8.66Aab	23.89 ± 2.82AaB	3.80 ± 0.29Aab	0.48 ± 0.04Aab
4	300 mg/L NAA	86.67 ± 7.64Ab	25.06 ± 7.56AaB	3.11 ± 0.32Ab	0.35 ± 0.14Ab
5	400 mg/L NAA	98.33 ± 2.89Aa	27.67 ± 2.60Aa	4.35 ± 0.51Aa	0.62 ± 0.10Aa
6	500 mg/L NAA	93.33 ± 7.64Aab	16.22 ± 1.67Bbc	4.52 ± 0.24Aa	0.44 ± 0.13Aab

注：表中数据后不同大写字母、小写字母分别表示在 $P < 0.01$ 和 $P < 0.05$ 水平存在显著差异，下同。

表 8-2 不同浓度 NAA 处理对走马胎插穗芽及苗高的影响

编号	处理	芽数量（个）	苗高（cm）
1	CK	15.33Aa	7.27Aa
2	100 mg/L NAA	10.67ABbCc	6.71Aa
3	200 mg/L NAA	9.00BbCcd	5.82Aab
4	300 mg/L NAA	5.00Cd	2.54Ab
5	400 mg/L NAA	13.00AaBb	7.51Aa
6	500 mg/L NAA	8.67BCcd	5.11Aab

（一）不同浓度 NAA 对走马胎插穗生根率的影响

不同处理的生根率见表 8-1。400 mg/L 浓度 NAA 浸泡 2 h 的处理与 300 mg/L 浓度 NAA 浸泡 12 h 的处理相比有显著差异（$P < 0.05$），其他处理之间无显著差异（$P > 0.05$）。400 mg/L 浓度 NAA 浸泡 2 h 处理的枝条生根率最高，为（98.33 ± 2.89）%；生根率最低的是 300 mg/L 浓度 NAA 浸泡 12 h 的处理，为（86.67 ± 7.64）%，相差 10% 以上；其余 3 种处理的生根率都在 90% 以上。在清水浸泡 24 h 的处理中，走马胎插穗生根率为

（93.33±2.89）%。结果表明，400 mg/L 浓度 NAA 浸泡 2 h 处理的插穗生根率最高；在不做任何激素处理的情况下，将走马胎插穗清水浸泡 24 h，直接扦插，生根率也能够在 90% 以上。可见，走马胎插穗很容易形成不定根。走马胎新植株可以采用已木质化枝条通过扦插获得。

（二）不同浓度 NAA 对走马胎插穗根系的影响

方差分析结果表明，将不定根形成的数量相比较（表 8-1），5 号与 1 号和 6 号相比较，$P < 0.01$，有极显著差异；2 号、3 号、4 号、5 号 4 个处理之间无显著差异（$P > 0.05$）；2 号、3 号、4 号与 6 号之间无显著差异（$P > 0.05$）。100～400 mg/L 浓度 NAA 的 4 个处理的插穗不定根形成的数量均是 CK 处理和 500 mg/L 浓度 NAA 处理的近 2 倍，CK 处理与 500 mg/L 浓度 NAA 处理之间没有显著差异（$P > 0.05$）。100～400 mg/L 浓度 NAA 处理对走马胎插穗不定根的形成有较好的促进作用，500 mg/L 浓度 NAA 处理对促进走马胎插穗不定根形成效果不明显。400 mg/L 浓度 NAA 处理的插穗形成不定根的数量最多，为（27.67±2.60）根，是 CK 处理的 2 倍以上。NAA 浓度高于 500 mg/L 时，对走马胎插穗形成不定根有抑制作用。

在根长比较方面，5 号、6 号与 4 号之间有显著差异（$P < 0.05$），其他处理之间没有显著差异（$P > 0.05$）。500 mg/L 浓度 NAA 处理形成的不定根最长，为（4.52±0.24）cm；400 mg/L 浓度 NAA 处理的次之，平均根长为（4.35±0.51）cm；300 mg/L 浓度 NAA 处理的最短，为（3.11±0.32）cm；平均根长最大相差 1.41 cm。其他 3 个处理和 CK 处理的根长值处在 500 mg/L 浓度 NAA 处理和 300 mg/L 浓度 NAA 处理的根长值之间。

从不定根的干重来看，4 号与 5 号之间有显著差异（$P < 0.05$），其他处理之间无显著差异（$P > 0.05$）。400 mg/L 浓度 NAA 处理形成的不定根，平均干重（0.62±0.10）g，是 6 个处理中最重的；300 mg/L 浓度 NAA 处理最轻，为（0.35±0.14）g，其次是 CK 处理和 500 mg/L 浓度 NAA 处理。造成 300 mg/L 浓度 NAA 处理根长较短、根干重较轻的原因可能是该处理的浸泡时间不够长。

综合不定根数量、根长及根干重的数据，发现 6 个处理中，400 mg/L 浓度 NAA 处理对走马胎插穗扦插生根效果较好。

（三）不同处理对走马胎插穗芽形成的影响

不同处理走马胎插穗芽形成数量及苗高见表 8-2。1 号与 3 号、4 号、6 号之间，5 号与 4 号之间，均有极显著差异（$P < 0.01$），1 号与 2 号，5 号与 6 号，2 号与 4 号之间有显著差异（$P < 0.05$）。未经 NAA 处理的清水对照芽形成数量最多，达 15.33 个；400 mg/L 浓度 NAA 处理次之，为 13 个；300 mg/L 浓度 NAA 处理最少，只有 5 个；1 号是 4 号的 3 倍以上。在处理时间相同的情况下，CK 处理形成芽数仍比 1 号处理形成芽

数略多。2～6号处理形成芽数均比CK处理形成芽数少，可能是NAA在促进根系形成的同时，对芽的形成有不同程度的抑制作用。1号与5号之间没有显著差异（$P > 0.05$），形成芽数相近，可能400 mg/L浓度NAA浸泡2 h的处理在促进根系形成的同时对芽的形成没有明显的影响。

在苗高比较方面，5号、1号、2号与4号之间有显著差异（$P < 0.05$），5号最高，其次是1号，4号最短，5号与1号之间无显著差异（$P > 0.05$），其余4个处理的苗高排序和形成芽数的排序相同。400 mg/L浓度NAA浸泡2 h处理的苗高略高于CK处理的，但两者之间无显著差异，可能是400 mg/L浓度NAA浸泡2 h的处理在促进根系和芽形成的同时对芽的生长没有明显的抑制作用。4号在6个处理中形成的芽最少且生长较慢的原因可能与其形成的根较短、根系的生物量较差有关。6个处理中，CK处理与400 mg/L浓度NAA处理效果较好，走马胎插穗芽形成数量及苗高相近。

四、结论与讨论

走马胎具有很高的药用价值，民间有"两脚行不开，不离走马胎"之说。在开发利用方面，当地的居民一般都是直接采挖野生植株来出售，野生资源年复一年不断被采挖，导致野生资源日益匮乏。随着社会的发展，长期利用野生资源是不现实的，为了能更好地保护走马胎野生资源，使其不被归入濒危植物的行列，并且能够得到合理的开发利用，我们对走马胎进行了扦插繁殖研究，探索走马胎枝条扦插生根机理。

综合不定根的平均生根率、形成不定根数量、根长、根干重、芽形成数、苗高等参数。6个处理中，采用400 mg/L浓度NAA浸泡2 h的处理对走马胎插穗扦插生根效果较好，对插穗芽的形成和生长没有明显的抑制作用。NAA能够显著提高走马胎插穗生根数，但对生根率、根长、根干重影响不大。NAA显著提高走马胎插穗生根数的同时，对插穗芽的形成和生长有不同程度的抑制作用。在生产上建议采用400 mg/L NAA浸泡2 h处理走马胎插穗。

由于试验材料有限，只采用1种生长调节剂NAA设置不同浓度的处理，处理时间的长短对走马胎插穗扦插生根及芽形成的影响还需要进一步探讨。还可以采用其他生长调节剂，以寻找更合适的处理方法。扦插苗的根系发达，与实生苗在植株生长方面区别不大，但根在药用方面是否存在差异需要进一步研究。在生产上还可以考虑采用有性繁殖（种子繁殖）和无性繁殖相结合的方式进行植株繁殖。

第九章　走马胎组培快繁技术研究

针对走马胎组培苗生产过程中存在的问题，如苗木生长不整齐、出苗率不稳定、生产成本高等，本研究通过调整培养基配方、培养材料、培养方法等，优化走马胎组培苗生产技术，达到提高走马胎组培苗质量，降低生产成本的目的。

第一节　诱导幼芽胚轴进行的走马胎组培方法

一、材料与方法

（一）种子消毒灭菌和无菌播种

选取生长饱满的走马胎种子，用自来水洗去表面杂质，再用 0.2% 的洗衣粉溶液浸泡 5 ~ 10 min，然后移至超净工作台内，先用 75% 乙醇浸泡 30 s，再转入 0.1% $HgCl_2$ 溶液中消毒 10 ~ 15 min，其间不断摇动，之后用无菌水漂洗 5 遍，无菌滤纸吸干材料表面水分，备用。

（二）培养基及培养条件

以 MS 或 WPM 为基本培养基，根据不同的培养目的添加不同种类和浓度的植物生长调节剂。附加琼脂粉 4.5 ~ 6.0 g/L、蔗糖 30 g/L、0.1% ~ 0.2% 活性炭，pH 值为 5.8。培养基配制分装后于温度 124 ℃、压力 105 Pa 的条件下灭菌 25 min。冷却后接入植物材料，在温度 28 ± 2 ℃、光照强度 800 ~ 1200 lx、光照时间每天 10 h 的条件下培养。

（三）胚轴不定芽诱导培养

以 MS 或 WPM 为基本培养基，添加不同的激素组合（6–BA 0.5 ~ 2.0 mg/L、KT 0 ~ 1.0 mg/L、NAA 0 ~ 0.2 mg/L），将幼芽下胚轴接入其中诱导不定芽，培养 50 d 后，观测不定芽诱导及生长情况，筛选出走马胎胚轴不定芽诱导的最佳培养基配方。

（四）不定芽增殖培养

以 WPM 为基本培养基，添加不同的激素组合（6–BA 0.1 ~ 0.5 mg/L、KT 0.1 ~ 0.5 mg/L、ZT 0.01 ~ 0.05 mg/L、NAA 0.2 mg/L），将诱导胚轴产生的不定芽剪成 2 cm 左右、带 1 ~ 2 个腋芽的小段接入增殖培养中，培养 50 d 后，观测不定芽生长情况，筛选出走马胎胚轴不定芽增殖的最佳培养基配方。

（五）生根培养

以 WPM 为基本培养基，添加不同种类和浓度的细胞分裂素（NAA 0.5 ～ 1.5 mg/L），将经过继代增殖培养的不定芽剪成带 2 ～ 3 个茎节、留 2 片半片叶的小段接入其中，培养 50 d 后，观测根系及芽苗生长情况，筛选出走马胎不定芽生根的最佳培养基配方。

二、结果

（一）胚轴不定芽诱导培养

切取种子萌发获得幼苗的胚轴接入不定芽诱导培养基中，先进行 1 周的暗培养，再转入日光灯下培养。培养 10 ～ 15 d 后，在胚轴上部可见形成大量突起，20 d 后开始有不定芽长出，但不同激素组合对走马胎胚轴不定芽的诱导效果差异较大（表 9-1），其中 WPM+0.5 mg/L 6-BA+0.1 mg/L KT+0.2 mg/L NAA 组合的培养基效果最好，诱导的不定芽多（8 ～ 15 个），生长粗壮，外观良好。

表 9-1 不同培养基上走马胎胚轴不定芽诱导和生长情况

编号	培养基组成	不定芽诱导和生长情况
1	MS+0.5 mg/L 6-BA	芽数 5 ～ 8 个，叶片红褐色，芽粗壮，生长良好
2	MS+1.0 mg/L 6-BA	芽数 4 ～ 10 个，叶片红褐色，生长较好
3	MS+2.0 mg/L 6-BA	芽数 7 ～ 15 个，叶片绿色，部分玻璃化，芽细，整体生长差
4	MS+0.5 mg/L 6-BA+0.1 mg/L KT	芽数 6 ～ 9 个，叶片红褐色，芽粗壮，生长良好
5	MS+0.5 mg/L 6-BA+0.5 mg/L KT	芽数 8 ～ 12 个，叶片红褐色，芽粗壮，生长良好
6	MS+0.5 mg/L 6-BA+1.0 mg/L KT	芽数 4 ～ 9 个，叶片小、绿色，芽较细，生长一般
7	WPM+0.5 mg/L 6-BA+0.1 mg/L KT+0.2 mg/L NAA	芽数 8 ～ 15 个，叶片红褐色，芽粗壮，生长良好
8	WPM+1.0 mg/L 6-BA+0.5 mg/L KT+0.2 mg/L NAA	芽数 5 ～ 8 个，叶片红褐色，生长一般

（二）不定芽增殖培养

将诱导胚轴产生的不定芽剪成 2 cm 左右、带 1 ～ 2 个腋芽的小段接入增殖培养中进行继代培养，培养 7 ～ 10 d 后，腋芽开始萌动，但不同激素组合对走马胎不定芽继代增殖培养影响较大。芽苗生长质量和繁殖速度与 6-BA、KT、ZT 的浓度密切相关，当浓度较低时芽生长健壮，增殖倍数较低；随着浓度增加，增殖倍数增大；当浓度进一步增加时，增殖倍数增速下降，芽生长质量变差。从表 9-2 中可以看出 WPM+0.2 mg/L 6-BA+0.02 mg/L ZT+0.2 mg/L NAA 组合为其最佳继代增殖培养基，增殖倍数达到 4.2 倍，且材料生长良好。

表9-2 不同培养基上走马胎不定芽继代增殖生长情况

编号	培养基组成	增殖倍数（倍）	芽生长情况
1	WPM+0.1 mg/L 6-BA+ 0.1 mg/L KT+0.2 mg/L NAA	3.1	芽粗壮，茎叶红褐色，生长良好
2	WPM+0.2 mg/L 6-BA+ 0.1 mg/L KT+0.2 mg/L NAA	3.8	芽粗壮，茎叶红褐色，生长良好
3	WPM+0.5 mg/L 6-BA+ 0.1 mg/L KT+0.2 mg/L NAA	2.9	芽较粗壮，茎叶红褐色，生长较好
4	WPM+0.2 mg/L 6-BA+ 0.2 mg/L KT+0.2 mg/L NAA	3.3	芽较粗壮，茎叶红褐色，生长良好
5	WPM+0.2 mg/L 6-BA+ 0.5 mg/L KT+0.2 mg/L NAA	3.9	芽较细，茎叶红褐色，生长一般
6	WPM+0.2 mg/L 6-BA+ 0.01 mg/L ZT+0.2 mg/L NAA	3.5	芽粗壮，茎叶红褐色，生长良好
7	WPM+0.2 mg/L 6-BA+ 0.02 mg/L ZT+0.2 mg/L NAA	4.2	芽粗壮，茎叶红褐色，生长良好
8	WPM+0.2 mg/L 6-BA+ 0.05 mg/L ZT+0.2 mg/L NAA	3.8	芽粗壮，茎叶红褐色，生长良好

（三）生根诱导及移栽

走马胎瓶苗较容易诱导生根，但根系不是很整齐，0.5 mg/L NAA 的诱导效果最好，生根率达到95.1%。将生根苗瓶口打开，在湿度为70%～80%的室内散射光下炼苗10 d，后洗净培养基移栽于经甲基托布津消毒的树皮：火烧土：园土 =1：2：2（体积比）的混合基质中，成活率为66.7%～82.5%。

第二节　诱导茎段进行的走马胎组培方法

一、材料与方法

（一）培养材料

走马胎野生植株采自桂林周边地区，种植于广西植物研究所紫金牛科植物种质资源圃中，试验材料为其健壮植株的幼嫩枝条。

（二）外植体消毒

选择无病虫害、生长健壮的植株，取其幼嫩枝条带回实验室，去除叶，流水冲洗并用软毛刷轻轻擦拭枝条表面，后用纯净水清洗1遍。置于超净工作台上，将枝条剪成

6 ～ 7 cm 长的小段，先用 75% 乙醇浸泡 30 ～ 40 s，无菌水冲洗 2 遍，再用 0.1% HgCl$_2$ 溶液浸泡 4 ～ 5 min，并不断搅拌，无菌水冲洗 5 ～ 6 遍，用无菌纸吸干表面水分，切成长 2 ～ 3 cm、带 1 ～ 2 个茎节的小段，备用。

（三）培养基配制及培养条件

以 MS 或 1/2 MS 为基本培养基，根据不同培养目的添加不同种类和浓度的植物生长调节剂，并附加 30 g/L 蔗糖和 6.0 g/L 琼脂，pH 值为 5.5 ～ 6.0。分装后于 124 ℃条件下消毒 22 min。培养室采用日光灯为光源，光照强度为 800 ～ 1200 lx，照射时间为每天 12 h，培养温度为（25±2）℃。

（四）初代腋芽的诱导及继代培养

将消毒灭菌后的茎段接入培养基 1 号 MS＋0.5 mg/L 6–BA＋0.2 mg/L NAA、2 号 MS＋1.0 mg/L 6–BA＋0.2 mg/L NAA、3 号 MS＋0.5 mg/L ZT、4 号 MS＋1.0 mg/L KT＋0.2 mg/L NAA 中进行腋芽诱导，每个处理接种 50 个茎段，重复 3 次，先暗培养 2 d，之后转入日光灯下，30 d 后统计诱导率。将获得的初代腋芽在原配方的培养基中继代 2 ～ 3 次，观察记录其生长情况。腋芽诱导率 =（腋芽萌发的外植体茎段数/获得的无菌外植体茎段总数）×100%。

（五）腋芽增殖培养

在腋芽诱导和前期继代培养的基础上，以 MS 为基本培养基，添加不同浓度的 6–BA（0.1 mg/L、0.5 mg/L、1.0 mg/L、2.0 mg/L）、ZT（0.1 mg/L、0.2 mg/L、0.4 mg/L、0.8 mg/L）和 NAA（0 mg/L、0.1 mg/L、0.5 mg/L、1.0 mg/L），采用正交试验设计表 L16（43）对 3 种植物生长调节剂的 4 个浓度水平进行优化筛选。将经过初期继代培养的腋芽剪成 2 cm 左右、带 1 ～ 2 个茎节的小段，接种于正交培养基中进行增殖培养。每个处理 10 瓶，每瓶接种 15 个茎段，重复 3 次，50 d 后观测记录芽苗高度、增殖倍数和茎叶生长情况等。增殖倍数为以母瓶培养时接种的材料规格和接种数为标准，每一母瓶材料所能扩繁的瓶数。

（六）生根培养

选择茎干粗壮、叶片生长良好的芽苗，剪成带 2 ～ 3 个茎节、留 2 片半片叶的小段，接入培养基 5 号 MS＋1.0 mg/L IAA、6 号 1/2 MS＋1.0 mg/L IAA、7 号 1/2 MS＋1.0 mg/L IAA＋1.0 mg/L NAA、8 号 1/2 MS＋1.5 mg/L IAA＋1.0 mg/L NAA 中诱导生根。每个处理 10 瓶，每瓶接种 15 个带叶茎段，重复 3 次，40 d 后观测记录生根率及根系生长情况。生根率 =（生根苗数/接种苗总数）×100%，生根数为从苗茎基部长出的根条数。

（七）生根苗移栽

将生根的瓶苗移到室外炼苗 7 ～ 10 d，清洗干净培养基，在 800 倍甲基硫菌灵药液中浸泡消毒 2 ～ 3 min，晾干表面水分，移栽于园土：泥炭：珍珠岩 =3：1：1（体积比）的混合基质中，在 80% 郁闭度的塑料大棚中培养，根据天气情况每天喷雾 3 ～ 5 次，每次 1 ～ 2 min，以保持空气湿度，1 周后减为每天 1 ～ 2 次，50 d 后统计成活率。成活率=（成活的苗数/移栽苗总数）× 100%。

二、结果

（一）初代腋芽的诱导及继代培养

走马胎生长环境较为阴湿，枝条表面微生物丰富，并且对乙醇和 $HgCl_2$ 非常敏感，如处理方法不当极易导致材料死亡或污染。本研究发现，采用长枝消毒，在 0.1% $HgCl_2$ 溶液中浸泡 3 ～ 4 min，清洗干净后再切成小段可有效减少药害，提高消毒成功率。

消毒成功的走马胎茎段，在诱导培养基上培养约 10 d 可见芽体萌动，随后长出腋芽；培养至 30 d 时，在抽生的腋芽茎上形成二级腋芽。将初代诱导所得的腋芽从外植体上切下，经过 2 ～ 3 次继代培养后可形成粗壮的丛生芽。4 个配方培养基均能诱导走马胎茎段腋芽萌发，但萌发率和腋芽生长情况差异较大，其中含 6-BA 的 2 号培养基和含 ZT 的 3 号培养基的效果较好，诱导率分别为 89.3% 和 85.7%，且腋芽生长良好，茎干粗壮，叶片宽厚、色泽纯正；而含 KT 的 4 号培养基的效果最差，形成的腋芽生长不良，茎干细小且叶色偏绿，在后期的继代培养中生长缓慢，个别腋芽出现死亡，诱导率也显著低于 2 号、3 号培养基（$P < 0.05$），仅为 70.0%。可见，2 号、3 号培养基均可用于走马胎腋芽诱导及前期继代培养，且 2 号培养基的诱导率最高。

（二）腋芽增殖培养

走马胎腋芽增殖培养 50 d 左右的统计结果见表 9-3。由表 9-3 可知，1 ～ 8 号培养基上的芽苗叶片宽厚、茎叶色泽纯正，植株整体外观较好；9 ～ 12 号培养基上的芽苗叶片相对较小，但有较多侧芽萌发生长；13 ～ 16 号培养基上的芽苗叶片小，且有发黄脱落现象，剪口基部形成大量愈伤组织，部分材料出现变异，生长缓慢，整体培养效果差。

表9-3　走马胎腋芽增殖正交设计与结果

编号	浓度（mg/L）			平均高度（cm）	增殖倍数（倍）	生长情况
	6-BA	ZT	NAA			
1	0.1	0.1	0.0	5.5	2.5	芽一般，叶片中等、褐色
2	0.1	0.2	0.1	8.0	3.5	芽好，叶片大、褐色
3	0.1	0.4	0.5	8.3	3.5	芽好，叶片大、褐色
4	0.1	0.8	1.0	6.5	3.0	芽一般，叶片大、褐色
5	0.5	0.1	0.1	8.6	4.3	芽好，叶片大、褐色
6	0.5	0.2	0.0	7.2	3.5	芽好，叶片中等、褐色
7	0.5	0.4	1.0	7.5	4.0	芽好，叶片大、褐色
8	0.5	0.8	0.5	6.5	3.2	芽好，叶片大、褐色
9	1.0	0.1	0.5	5.5	4.0	芽一般，叶片中等，有2～4年丛芽
10	1.0	0.2	1.0	6.5	4.5	芽好，叶片中等，有2～4年丛芽
11	1.0	0.4	0.0	4.8	3.5	芽一般，叶片小，有1～3年丛芽
12	1.0	0.8	0.1	3.5	3.0	芽一般，叶片小，有1～2年丛芽
13	2.0	0.1	1.0	3.0	2.5	芽差，叶片小并发黄，基部有大量愈伤组织
14	2.0	0.2	0.5	3.0	1.8	芽变异，叶片小发黄，茎基部有大量愈伤组织
15	2.0	0.4	0.1	2.0	1.5	芽差，叶片小且部分脱落，茎基部有大量愈伤组织
16	2.0	0.8	0.0	1.8	0.9	芽差，部分死亡

对各因素不同水平间的芽苗高度和增殖系数进行多重比较分析发现，使用不同浓度6-BA的效果差异显著（$P < 0.05$），当浓度为0.1～0.5 mg/L时有利于走马胎芽苗高度生长，之后随着使用浓度的升高苗高降低，当浓度达到2.0 mg/L时芽苗生长受阻，平均高度仅约2.5 cm；0.5～1.0 mg/L 6-BA的增殖系数相对较高，但两者的增殖方式差异较大，浓度为0.5 mg/L时通过促进芽茎生长实现增殖，而浓度为1.0 mg/L时则主要通过侧芽萌发而增殖；ZT和NAA的使用浓度分别为0.1～0.8 mg/L、0～1.0 mg/L时，各水平对苗高和增殖系数的影响不明显。

从观测及分析结果可以看出，各因素的最佳浓度为0.5 mg/L 6-BA、0.2 mg/L ZT和1.0 mg/L NAA。但在实际操作过程中一般认为，在培养效果没有明显差异的情况下，为了减少变异概率、降低成本，应尽量选用较低浓度的激素。因此，综合考虑芽苗茎叶生长、增殖速度、主效因素及变异等，认为MS+0.5 mg/L 6-BA+0.1 mg/L ZT+0.1 mg/L NAA为走马胎腋芽增殖的最佳培养基配方。

（三）生根培养

将要生根的走马胎材料接入生根培养基中，培养约2周剪口基部可见不定根，35 d后形成完整根系。4个配方的培养基均能不同程度诱导走马胎生根，其中8号培养基的效果最好，生根率达到92.3%，平均根数为每株3.0条，且根系发达，侧根多，韧性好不易断；其次为7号培养基，生根率为85.6%，平均根数为每株2.5条，方差分析结果显示7号与8号培养基上的材料生根率差异不明显（$P > 0.05$），但8号培养基材料的平均根数显著高于7号培养基（$P < 0.05$）；5号和6号培养基的效果均不理想，生根率仅为65.2%和70.7%，平均根数也仅为1.2条和1.9条。因此认为走马胎最佳生根培养基为8号培养基。

（四）生根苗移栽

培养生根苗约40 d后，选择具有至少3条长3 cm以上、白色或浅黄色的主根（指从苗茎基部长出的根）且茎干粗壮、叶色深红、生长良好的瓶苗移至室外炼苗7～10 d，移栽于园土：泥炭：珍珠岩＝3：1：1（体积比）的混合基质中，假植50 d的平均成活率为82%。

第三节　继代增殖培养技术优化研究

一、继代培养基优化试验

（一）材料与方法

1. 接种材料

在继代培养基优化试验中，所用的接种材料均为由茎段腋芽萌发而成的芽，选择茎干粗壮、节间均匀，叶片宽大、厚实、叶色纯正，生长基本一致不定芽，切成带2个腋芽的小段（顶芽另接，不用于试验），备用。

2. 培养条件

在继代培养基优化试验中，培养条件均为培养室温度25～28 ℃，光照强度800～1200 lx，光周期为12 h。

3. 接种观测方法

将切好的材料接种，每个处理接种20瓶，每瓶接种20个茎段，重复5次。培养50 d时，观测腋芽萌发数、芽高、茎叶生长情况，并统计增殖系数。增殖系数计算方法：增殖系数＝（继代材料转接时获得的带两个芽的茎段数－接种茎段数）/接种茎段数。

（二）结果与分析

1. 不同基本培养基对走马胎继代增殖效果的影响

（1）培养基。走马胎属于小灌木，木质化程度较高。本试验在初代诱导结果基础上，选择木本植物组织培养常用的 MS、WPM、B5 为基本培养基进行试验，同时添加 0.5 mg/L 6-BA、0.1 mg/L ZT、0.2 mg/L NAA、30 g/L 蔗糖、5.5 g/L 琼脂粉，pH 值为 5.8～6.0。培养基配制分装后于温度 121～124 ℃、压力 1.1～1.3 kg/cm^2 的条件下灭菌 22 min，冷却后备用。

（2）结果。不同基本培养基对走马胎不定芽继代增殖的影响随培养时间的延长呈现不同。在培养初期，MS、WPM 培养基上的材料萌发的不定芽茎干粗壮，外观呈纯正红褐色，B5 培养基上不定芽外观则有些偏绿，但 3 种培养基上的材料生长均较好，差异不明显。培养 30 d 后，WPM 培养基上的不定芽生长放缓，叶片逐渐失去光泽并老化，茎干变硬，到培养后期叶片脱落较严重；B5 培养基上的不定芽茎干明显呈绿色并较细，叶片显得小而薄。相比较而言，MS 培养基的材料增殖系数最高，为 4.3 倍，且茎干粗壮，色泽纯正，外观生长整体良好。具体影响详见表 9-4。

表 9-4　不同基本培养基对走马胎继代增殖效果的影响

基本培养基	平均芽数（个）	平均芽高（cm）	茎粗情况	茎色	叶片情况	叶色	增殖系数（倍）
MS	1.65	7.3	粗	红褐色	大、厚	红褐色	4.3
WPM	1.20	5.1	粗	红褐色	中	红褐色，部分发黄脱落	3.5
B5	0.90	6.5	细	红褐色	中、薄	红绿色	3.0

2. 植物生长调节剂对走马胎继代增殖效果的影响

（1）培养基。在基本培养基试验基础上，以 MS 为基本培养基，同时添加 30 g/L 蔗糖、5.5 g/L 琼脂粉，pH 值为 5.8～6.0，研究不同组合、不同浓度的 BA、KT、ZT、NAA、IAA 等植物生长调节剂对走马胎不定芽继代增殖的影响。培养基配制分装后于温度 121～124 ℃、压力 1.1～1.3 kg/cm^2 的条件下灭菌 22 min，冷却后备用。各处理培养基具体激素配比见表 9-5。

（2）结果。根据表 9-5 可知，在走马胎不定芽继代增殖培养中 BA、ZT 均能有效促进不定芽的生长、增殖，KT 虽然也能促进增殖，但增殖效果较差，而且不定芽茎干较细，叶片小，植株整体不光泽。细胞分裂素浓度对植物组织培养存在浓度效应，高浓度的细胞分裂能促进材料生长，提高增殖系数，但随着浓度的升高，材料出现玻璃化、变异等现象的概率也升高，因此在培养效果差异不大的情况下，须尽量选用较低浓度的细胞分裂素进行培养。在单因素试验基础上，选取 BA（0.5 mg/L、1.0 mg/L）、ZT（0.1 mg/L、

0.2 mg/L）进行组合培养，各处理组合的增殖系数和培养效果差异不大，因此我们选用0.5 mg/L BA+0.1 mg/L ZT+1.0 mg/L IAA 为走马胎不定芽继代培养激素组合。

表9-5　不同植物生长调节剂对走马胎继代增殖效果的影响

激素组合	平均芽数（个）	平均芽高（cm）	增殖系数	综合生长情况
0.5 mg/L BA+0.2 mg/L NAA	1.06	5.9	3.2	茎粗，叶片大，生长良好
1.0 mg/L BA+0.2 mg/L NAA	1.23	6.1	3.5	茎粗，叶片大，生长良好
1.5 mg/L BA+0.2 mg/L NAA	1.15	6.5	3.4	茎粗，叶片大，生长良好
0.5 mg/L KT+0.2 mg/L NAA	0.75	4.2	1.7	茎细，叶片小，无色泽
1.0 mg/L KT+0.2 mg/L NAA	1.10	4.5	2.5	茎细，叶片小，无色泽
1.5 mg/L KT+0.2 mg/L NAA	0.98	5.3	2.2	茎细，叶片小，出现玻璃化
0.1 mg/L ZT+0.2 mg/L NAA	1.25	5.2	3.3	茎粗，叶片大，生长良好
0.2 mg/L ZT+0.2 mg/L NAA	1.30	4.9	3.4	茎粗，叶片大，生长良好
0.5 mg/L ZT+0.2 mg/L NAA	1.30	5.0	3.3	茎粗，叶片大，生长良好
0.5 mg/L BA+0.1 mg/L ZT+1.0 mg/L IAA	1.25	7.7	4.2	茎粗，叶片大，生长良好
1.0 mg/L BA+0.1 mg/L ZT+1.0 mg/L IAA	1.32	8.0	4.5	茎粗，叶片大，生长良好
0.5 mg/L BA+0.2 mg/L ZT+1.0 mg/L IAA	1.25	7.8	4.4	茎粗，叶片大，生长良好
1.0 mg/L BA+0.2 mg/L ZT+1.0 mg/L IAA	1.07	7.0	3.5	茎粗，叶片大，生长良好

二、继代材料优化试验

（一）方法

1.培养基及培养条件

用于继代材料选择的培养基为筛选出的继代增殖培养基，即 MS+0.5 mg/L BA+0.1 mg/L ZT+1.0 mg/L IAA+30 g/L 蔗糖+5.5 g/L 琼脂，pH 值为 5.8～6.0。培养室温度为25～28℃，光照强度为 800～1200 lx，光周期为 12 h。

2.材料分类

在前期培养过程中发现，由不同材料或不同途径诱导形成的芽，即起始材料为茎段、叶片、胚轴和愈伤组织，经过腋芽萌发或脱分化形成的芽，在继代增殖培养中表现差异非常明显。根据诱导成芽的起始材料不同将用于继代增殖的材料分为 8 类。具体分类标准见表9-6。

表9-6　继代材料分类表

编号	材料来源	茎粗情况	茎色	叶片情况	叶色	材料类型
1	茎段腋芽萌发成芽	粗	红褐色	大、厚	红褐色	Ⅰ类
2	茎段腋芽萌发成芽	粗	绿色	大、厚	绿色	Ⅱ类
3	胚轴分化成芽	粗	红褐色	大、厚	红绿色	Ⅲ类
4	胚轴分化成芽	中	绿色	中	绿色	Ⅳ类
5	叶片分化成芽	细	绿色	小、薄	绿色	Ⅴ类
6	叶片分化成芽	细	半透明	小、薄	绿色	Ⅵ类
7	愈伤组织分化成芽	细	绿色	小、薄	绿色	Ⅶ类
8	愈伤组织分化成芽	细	半透明	小、薄	绿色	Ⅷ类

3. 接种观测方法

将要接种的材料切成带2个腋芽的小段（顶芽另接，不用于试验），各类材料接种20瓶，每瓶接种20个茎段，重复5次。培养50 d时，观测腋芽萌发数、芽高、茎叶生长情况，并统计增殖系数。增殖系数计算方法：增殖系数＝（继代材料转接时获得的带2个芽的茎段数－接种茎段数）/接种茎段数。

（二）结果

由表9-7可见，相同培养条件下，不同来源形成的芽在继代增殖培养时差异非常明显，其中由茎段腋芽萌发而成的Ⅰ类、Ⅱ类材料培养效果最好，形成的继代芽茎干粗壮，叶片宽厚，叶色纯正，增殖系数为4.6～5.2倍。其次为胚轴分化形成的Ⅲ类、Ⅳ类材料，经过1～2次继代培养后，其效果基本与由茎段腋芽萌发而成的Ⅰ类、Ⅱ类材料相当。而由叶片、愈伤组织分化形成的Ⅴ～Ⅷ类材料继代时，芽生长缓慢，茎干细，叶片窄、薄，色泽暗淡，在后续的培养中难以增殖、生根。

表9-7　不同类型材料对走马胎继代增殖效果的影响

材料类型	平均芽数（个）	平均芽高（cm）	茎粗情况	茎色	叶片情况	叶色	增殖系数（倍）
Ⅰ类	1.5	8.5	粗	红褐色	大、厚	红褐色	5.2
Ⅱ类	1.2	8.3	粗	红褐色	大、厚	红褐色	4.6
Ⅲ类	1.2	6.7	粗	红褐色	大、厚	红绿色	3.9
Ⅳ类	1.1	7.0	粗	红褐色	大、厚	红褐色	4.5
Ⅴ类	0.9	4.1	细	绿色或红色	小、薄	绿色	2.5
Ⅵ类	0.6	2.8	细	半透明	小、薄	绿色	1.8
Ⅶ类	0.8	3.0	细	绿色	小、薄	绿色	1.7
Ⅷ类	0.5	2.5	细	半透明	小、薄	绿色	1.5

第四节　壮苗培养技术研究

材料经过多次继代增殖后，茎部变得细嫩，纤维含量和木质化程度降低，并且体内积累了大量细胞分裂素，不利于材料生根和移栽成活。因此，在生根诱导前需要通过调整培养基配方，降低增殖速度，以提高材料纤维含量和木质化程度，促进生长和移栽成活。

一、材料

经过继代增殖培养的不定芽。

二、培养基

在前期试验中发现，ZT 对走马胎生根诱导影响较大；添加活性炭可调节不定芽生长速度，使材料茎间缩短，叶片质地增厚。因此，选用 MS+0.5 mg/L BA+1.0 mg/L IAA+30 g/L 蔗糖 +5.5 g/L 琼脂 +0.1% 活性炭为壮苗培养基，pH 值为 5.8 ～ 6.0。

三、结果

在壮苗培养基上，材料增殖系数降为 2.8 倍。经过壮苗培养的材料转接生根后，可使大批量材料生根率由原来的 80% 提高到 95%，移栽成活率由原来的 70% 提高到 85%。

第五节　生根培养技术优化研究

一、材料与方法

（一）材料

用于走马胎生根培养的材料为桂林周边地区野生走马胎植株的幼嫩枝条经过启动、增殖培养获得的，高度 6.0 cm 以上的健壮瓶苗。

（二）方法

在前期走马胎组织培养试验基础上，选取叶片硕大、茎干粗壮、色泽纯正的走马胎组培苗，剪成带 2 片半片叶的顶芽、带 2 片半片叶的茎段和无叶茎段 3 类材料，其茎长均为 2.0 cm 以上；接种于含不同基本培养基、不同浓度 IAA 和 NAA 的生根培养基中，试验为 4 因素 3 水平 $L_9(3^4)$ 的正交设计（表 9-8）。试验共设 9 个处理，每个处理接种 20 瓶，每瓶接种 15 个材料，重复 3 次。

对正交试验结果进行统计分析，总结出优选培养方案，并通过验证试验及扩大生产对优选方案进行可靠性检验。验证试验每个处理接种 20 瓶，每瓶接种 15 个材料，重复 3 次；扩大生产每个处理至少 1000 瓶，随机统计 100 瓶。

培养基附加 30 g/L 蔗糖和 6.0 g/L 琼脂，pH 值为 5.5～6.0。分装后于 124 ℃条件下消毒 22 min。培养室采用日光灯为光源，光照强度为 800～1200 lx，照射时间为每天 12 h；培养温度为（25±2）℃。

表 9–8　走马胎生根培养 $L_9(3^4)$ 正交试验设计

处理	因素及水平			
	基本培养基	IAA（mg/L）	NAA（mg/L）	培养材料类型
1	MS	1.0	0.5	顶芽
2	MS	1.5	1.0	带叶茎段
3	MS	2.0	1.5	无叶茎段
4	1/2 MS	1.0	1.0	无叶茎段
5	1/2 MS	1.5	1.5	顶芽
6	1/2 MS	2.0	0.5	带叶茎段
7	1/2 MS+5 mg/L VB$_2$	1.0	1.5	带叶茎段
8	1/2 MS+5 mg/L VB$_2$	1.5	0.5	无叶茎段
9	1/2 MS+5 mg/L VB$_2$	2.0	1.0	顶芽

二、结果

将生根材料接入培养基后，约 1 周茎段基部膨大，2 周可见白色粗壮的不定根形成，此时腋芽开始萌动生长，40 d 后形成完整植株。培养 50 d 的观测结果显示，各因素对走马胎组培苗生根培养中根系诱导和茎叶生长的影响差异较大（表 9–9）。1～6 号处理生根率高，主根数量多，侧根发达，根系生长均匀，且茎叶生长良好、色泽纯正；9 号处理虽然植株生根率达 97.78%，但根数少，根系弱，茎干细；7～8 号处理不仅生根率低，分别只有 68.52% 和 58.89%，而且根茎叶整体生长效果差。

（1）在生根培养中起主导作用的因素是基本培养基，在生根苗移栽中起主导作用的因素是培养材料类型和基本培养基；（2）生根率受影响最大，其次为根长，主根数最小；（3）走马胎生根培养最佳组合为 1/2 MS+2.0 mg/L IAA+0.5 mg/L NAA+ 带叶茎段；（4）带叶茎段可用作走马胎组培苗生根培养材料，生根率达 88.95%，这与传统木本植物组培养生根材料使用顶芽不同，具有一定创新性。

A. 腋芽诱导；B. 腋芽继代；C. 芽增殖培养；D ～ G. 生根培养；H. 生根苗移栽
走马胎腋芽培养、生根诱导及移栽

表 9-9　走马胎组培苗生根培养及移栽结果

处理	生根率（%）	主根数（条）	主根数范围（条）	根长（cm）	侧根生长情况	移栽成活率（%）	茎生长情况	叶片生长情况
1	98.81	3.90	3 ～ 5	3.47	侧根较多，10 ～ 30 条，长约 0.8 cm	95.44	粗壮	叶片大，数量多
2	98.33	3.60	3 ～ 5	4.64	侧根较少，4 ～ 20 条，长约 1.2 cm	66.43	粗壮	叶片较大，数量较多
3	97.78	3.28	3 ～ 4	4.61	侧根较多，10 ～ 40 条，长约 2.0 cm	43.97	中等	叶片小，数量少
4	100.00	4.26	3 ～ 6	4.72	侧根多，14 ～ 65 条，长约 1.6 cm	82.22	粗壮	叶片小，数量少
5	100.00	3.89	2 ～ 5	4.59	侧根较多，11 ～ 45 条，长约 2.1 cm	96.89	中等	叶片较大，数量较多
6	100.00	4.75	4 ～ 6	3.86	侧根少，0 ～ 18 条，长约 1.5 cm	95.00	粗壮	叶片较大，数量较多
7	68.52	1.24	1 ～ 2	2.59	侧根少，0 ～ 15 条，长约 0.5 cm	100.00	细弱	叶片较大，数量较少
8	58.89	1.20	1 ～ 2	1.91	侧根少，0 ～ 17 条，长约 0.3 cm	75.15	细弱	叶片小，数量少
9	97.78	1.61	1 ～ 2	3.52	侧根较少，3 ～ 25 条，长约 1.1 cm	95.48	细弱	叶片较大，数量较多

第六节 走马胎组培光环境研究

一、材料与方法

（一）材料

所用的接种材料均为由茎段腋芽萌发而成的芽，选择茎干粗壮、节间均匀、叶片宽大厚实、叶色纯正、生长基本一致的不定芽，切成带 2 个腋芽的小段（顶芽另接，不用于试验）。

（二）培养基

继代增殖：MS+0.5 mg/L BA+0.1 mg/L ZT+1.0 mg/L IAA+30 g/L 蔗糖 +5.5 g/L 琼脂，pH 值为 5.8～6.0。生根诱导：1/2 MS+1.5 mg/L IAA+1.0 mg/L NAA+30 g/L 蔗糖 +5.5 g/L 琼脂，pH 值为 5.8～6.0。

（三）光照设计

蓝光（475±5）nm、黄光（585±5）nm、红光（660±5）nm 3 种不同光质 LED 光源，光照时间每天 12 h；光照强度为 800 lx、1000 lx、1200 lx、1500 lx 的白光；光周期试验设计为 8 h、10 h、12 h、14 h、16 h 的白光。以白光、12 h 为对照进行试验。

二、结果

由表 9-10 可以看出，走马胎最佳组培光照条件为光照强度 1000 lx，光照时间 12 h 的白光。

表 9-10 走马胎组培光照试验结果

条件	继代增殖		生根诱导	
	增殖系数（倍）	生长情况	生根率（%）	生长情况
白光	3.91	茎粗，叶片宽厚	98.32	根系发达，茎叶好
蓝光	3.09	茎细，叶片少、小	69.33	根少，植株生长一般
黄光	4.52	茎细，叶片少、小	56.67	根少，植株生长差
红光	2.15	茎中等，叶片一般	80.45	根少，植株生长一般
800 lx	4.96	茎细，叶片少、小	43.45	根少，植株生长差
1000 lx	4.12	茎粗，叶片宽厚	91.24	根系发达，茎叶好
1200 lx	3.87	茎粗，叶片宽厚	87.95	根系发达，茎叶好
1500 lx	3.50	茎较粗，叶片多、大	84.78	根系发达，茎叶好

续表

条件	继代增殖		生根诱导	
	增殖系数（倍）	生长情况	生根率（%）	生长情况
8 h	2.15	茎细，叶片少、小	38.44	根少，植株生长差
10 h	2.67	茎较细，叶片少、小	55.68	根少，植株生长差
12 h	3.89	茎粗，叶片宽厚	95.42	根系发达，茎叶好
14 h	3.65	茎粗，叶片宽厚	90.22	根系发达，茎叶好
16 h	1.92	茎叶发黄	99.16	根粗、短，茎叶老化

第七节　走马胎组培苗批量移栽技术研究

组培苗移栽是植物组织培养中的一个关键环节，是材料从全人工环境向自然环境过渡的重要阶段，移栽技术关系到生产成本控制甚至组培苗生产的成败。木本植物组培苗移栽普遍较难，对环境、技术及管理的要求较高，我们通过长期实践总结了一套走马胎组培种苗移栽技术。

一、不同生根培养基组分和培养材料类型对走马胎组培苗移栽的影响

如表9-8、表9-9所示，不同生根培养基组分和培养材料类型，通过影响培养材料根系和茎叶生长间接影响生根植株的移栽效果。通过分析比较发现（表9-9），不同因素组合处理培养的走马胎生根苗在移栽环节成活率差异较大，其中7号处理移栽成活率为100%，1号、5号、6号、9号等4个处理的成活率均大于等于95%，2号和3号最差，分别为66.43%和43.97%。极差和方差分析结果显示（表9-11），各因素对走马胎组培生根苗移栽成活率的影响大小顺序为培养材料类型＞基本培养基＞IAA＞NAA，且培养材料类型和基本培养基的影响达显著水平（$P < 0.05$）。对各因素中不同水平间的成活率进行正交试验设计（表9-8），发现使用不同的基本培养基、培养材料类型和IAA浓度的成活率差异显著（$P < 0.05$），其中MS、1/2 MS、顶芽、带叶茎段和1.0 mg/L IAA的效果较好。这与生根培养和验证试验结果相呼应，进一步证明试验结果的可靠性。

表9-11　走马胎组培苗移栽成活率的分析比较

分析项目	基本培养基	IAA	NAA	培养材料类型
极差分析和多重比较				
K1	68.61b	92.55a	88.53	95.94a
K2	91.37a	79.49b	81.37	87.14a

续表

分析项目	基本培养基	IAA	NAA	培养材料类型
K3	90.21a	78.15b	80.29	67.11c
R	22.76	14.40	8.24	28.82
方差分析				
自由度（DF）	2	2	2	2
均方（MS）	1471.59	34.16	37.52	1536.21
F 值	4.41*	0.10	0.11	5.23*

注：表中同列不同小写字母表示相同因素不同水平间多重比较差异显著（$P < 0.05$）。*表示方差分析差异显著（$P < 0.05$）。$P < 0.05$，$F_{0.05} = 4.26$；$P < 0.01$，$F_{0.01} = 8.02$。

二、生根材料培养时间、株高、根系等对走马胎组培苗移栽的影响

走马胎植株叶片宽大，角质化程度低，在移栽过程中极易失水萎蔫，培养时间过短或过长均不利于走马胎组培苗移栽。从表 9-12 可知，培养 40～70 d 的走马胎植株平均主根数量差异非常小，随着培养时间的延长，株高、侧根数量和根系长度增加明显。但高植株和长根系并不利于组培苗的移栽，会影响成活率，其中培养 50 d 的植株移栽 30 d 的成活率最高，达 95.6%。

表 9-12　培养时间、株高及根系情况对走马胎组培苗移栽的影响

培养时间（天）	株高（cm）	主根数（条）	侧根生长情况	移栽成活率（%）
40	2.9	4.1	少，短，5～10 条，1～3 cm	60.5
50	3.5	3.8	较少，中长，8～14 条，2～5 cm	95.6
60	4.8	4.5	多，长，15～30 条，5～10 cm	93.8
70	6.1	4.2	多，长，17～36 条，6～13 cm	85.2

三、炼苗时间、移栽天气、季节、操作对走马胎组培苗移栽的影响

瓶内培养时间不足极易造成走马胎组培植株移栽失水，而时间过长，植株生长过高，根系太多、太长则会增加操作损伤，造成缓苗期延长，还会增加生产成本。我们在长期实践中总结出，带叶顶芽或腋芽接种后在培养室生长 45～50 d，转移到室外炼苗棚生长 10～15 d 的植株生长健壮，苗高和根系长度最适合进行移栽操作且最易成活。

移栽天气和季节对走马胎的移栽效果影响非常大，春秋季气温 15～30 ℃时均可进行走马胎移栽，其中以 20～25 ℃为最佳。移栽时最好选择阴天，无风或微风，桂林 3～5 月及 9～11 月均可进行移栽。

走马胎组培苗移栽时的具体操作根据天气情况略有不同。刮南风、阴天时，将组培

苗洗净，浸泡消毒药水后放入苗盘用纱布盖上，一边移栽一边浇定根水，最后用遮阳网搭小拱棚培养 3 ～ 5 d。刮南风、太阳天则需要一边移栽一边浇水，还要及时用遮阳网搭小拱进行遮阳，同时需要特别注意水分管理，浇水时应少量多次喷雾，不宜多，否则容易烂根死苗。刮北风、阴天被认为是最理想的走马胎移栽天气，容易人为控制水分，提高成活率，移栽时只需一边移栽一边浇水一边盖遮阳网。刮北风、太阳天则需要及时遮阳和多次喷雾。

四、移栽基质和水肥管理

移栽基质对走马胎组培苗移栽效果影响较大，黄土∶珍珠岩 =3 ∶ 1（体积比，下同）的移栽基质保水性好，不易烂苗，移栽的苗在前期成活率高，但不利于根系生长，养分差，培养后期苗木生长不良，形成老弱苗的比例高。黄土∶泥炭土∶珍珠岩 =3 ∶ 1 ∶ 1 的移栽基质培养效果较无泥炭土的基质好，苗生长较好。园土（沙性）∶泥炭土∶珍珠岩 =3 ∶ 1 ∶ 1 的效果最好，移栽 30 d 的平均成活率为 87%。

通过观察移栽基质及水肥管理等对走马胎组培苗移栽效果的影响，发现生根苗高度、培养时长、移栽时期、移栽基质对走马胎组培苗移栽的影响明显，生根接种材料对移栽成活也存在一定影响，其中培养 45 ～ 50 d、茎高 3 ～ 5 cm、根长 3 cm 左右的生根苗，在 3 ～ 5 月及 9 ～ 11 月移栽于处理过的黄泥上效果最好，批量移栽 30 d 的成活率达 85%，现已移栽 12 万余株。

第十章 走马胎组培苗标准化生产技术规程研究

一、培养基制作规范

在植物组织培养中，培养基的制作规范关系到培养材料接种、生长及成本控制，在种苗规模化生产中显得尤为重要。如果方法不得当，则可能造成药品溶解不充分、形成结晶、产生沉淀，或是培养基硬度不合适，不利于接种和营养流动等，进而影响材料培养并造成浪费。

（一）药品配制操作

在药品配制环节中，主要注意母液的溶解，母液的保存，添加母液的顺序、方法等。在走马胎组培苗生产中，根据药品种类和用量，在大量实践经验基础上总结出了一套不易沉淀、操作性强的配制方法。具体见表 10-1、表 10-2。

表 10-1　走马胎规模化生产中母液配制及贮藏

分类	成分	1 L 母液用量（g）	浓度	溶解方法	混合步骤	贮藏
MS大量	NH_4NO_3	16.500	10 倍	水溶	（1）NH_4NO_3 与 KNO_3 溶解后混合。（2）$CaCl_2$ 与 KH_2PO_4 一起溶解。（3）将（1）、（2）所得溶液和溶解后的 $MgSO_4 \cdot 7H_2O$ 混合，并定容	（1）常温或 4℃冰箱。（2）常温，夏天 1 周，冬天 2 周。（3）4℃冰箱 2 周
	KNO_3	19.000		水溶		
	$CaCl_2$	3.316		水溶		
	$MgSO_4 \cdot 7H_2O$	3.700		水溶		
	KH_2PO_4	1.700		水溶		
MS微量	$MnSO_4 \cdot H_2O$	16.900	1000 倍	水溶，加热	（1）将各药品分别溶解。（2）将溶解后的药品混合，定容	4℃冰箱，1～2个月
	$ZnSO_4 \cdot 7H_2O$	8.600		水溶，加热		
	H_3BO_3	6.200		水溶		
	KI	0.830		水溶		
	$Na_2MoO_4 \cdot 2H_2O$	0.250		水溶		
	$CuSO_4 \cdot 5H_2O$	0.025		水溶，加热		
	$CoCl_2 \cdot 6H_2O$	0.025		水溶，加热		

续表

分类	成分	1 L 母液用量（g）	浓度	溶解方法	混合步骤	贮藏
MS铁盐	$FeSO_4 \cdot 7H_2O$	5.560	200倍	水溶	（1）称量后立即加入纯净水。 （2）将 $FeSO_4 \cdot 7H_2O$ 溶液缓缓加入 $Na_2 \cdot EDTA \cdot 2H_2O$ 溶液中。 （3）热水浴 1～2 h	4℃冰箱，2周
	$Na_2 \cdot EDTA \cdot 2H_2O$	7.460		水溶，加热		
MS混合液	肌醇	20.000	200倍	水溶，加热	（1）将各药品分别溶解。 （2）将溶解后的药品混合，定容	4℃冰箱，2周
	烟酸	0.100		水溶		
	盐酸吡哆醇（VB_6）	0.100		水溶		
	盐酸硫胺素（VB_1）	0.020		水溶		
	甘氨酸	0.400		水溶		
激素	6-BA	1.000	1.0 mg/L	HCl		4℃冰箱，1个月
	ZT	0.100	0.1 mg/L	无水乙醇	先用少量乙醇溶解，后加水定容	4℃冰箱，1个月
	IAA	1.000	1.0 mg/L	无水乙醇	先用少量乙醇溶解，后加水定容	4℃冰箱，1个月
	NAA	0.500	0.5 mg/L	无水乙醇	先用乙醇溶解，后加少量水，再加少量乙醇，如此反复，保证溶液不出现浑浊，最后定容	4℃冰箱，1个月

表 10-2　走马胎规模化生产中培养基母液添加方法

母液种类	1 L 培养基用量（mg/L）	操作	注意事项
MS 大量	100.0	用容器单独量取、盛放	母液浓度不能太高，否则容易产生沉淀
MS 微量	1.0	量取后加水稀释，可与 IAA、NAA 同盛在一个容器中	
MS 铁盐	5.0	用容器单独量取、盛放	注意有无长菌发菌
MS 混合液	5.0	用容器单独量取、盛放	注意有无长菌发菌
6-BA	0.5	用容器单独量取、盛放	不能与 MS 母液混合盛放
ZT	1.0	常规操作	可与 NAA 混合盛放
IAA	1.5	常规操作	可与 NAA 混合盛放
NAA	1.0	常规操作	可与 ZT 混合盛放

（二）pH 值及硬度调节

使用便携式 pH 计对分装前的培养基进行酸碱度测定，并用 2 mol/L 的 HCl 或 NaOH 调节酸碱度，使 pH 值为 5.8 ± 0.05。

不同批次、不同强度的琼脂凝结能力不同，同批次、同强度的琼脂由于存放时间长短不同或存放环境不同在使用时凝结效果也存在差异，因此每次制作培养基时均需要先检测琼脂凝结情况。具体做法为先制作 500 mL 或 1000 mL 培养基，分装冷却后，将培养瓶放在手心用力敲击 2 ~ 4 下，观察培养基的凝结情况，如果一敲就碎，说明琼脂量不够，要相应增加琼脂用量；如果整瓶培养基一点都不裂，说明太硬，要减少琼脂用量；如果培养基可以与培养瓶分开，敲击时培养基能晃动但不碎，则为最佳硬度。

（三）高压灭菌操作

高压灭菌操作应该根据厂家提供的操作方法、步骤和注意事项进行，但在生产中采用的高压灭菌锅基本是专门针对医用设计的，灭菌对象一般为固体，而植物组织培养所采用的培养基在高温状态下均为液体，因此在操作时要注意以下几点：

（1）设计灭菌温度为 121 ~ 124 ℃，压力为 0.1 MPa，灭菌时间为 22 ~ 25 min。

（2）疏水阀门在灭菌时要打开 30° 角。

（3）培养基灭菌后打开锅门的速度要比较缓慢，当有蒸汽从锅门喷出时，则应暂停开门，等蒸汽基本排完后再缓慢打开锅门，否则由于压力变化太快，瓶内正在沸腾的培养基冲到瓶身和瓶盖上，或把瓶盖冲掉，会增加污染风险。

打开锅门后等 1 ~ 2 min 或更长时间才能缓慢取出培养瓶，否则会导致培养瓶因为温度变化太快而破裂。由于培养瓶瓶盖一般都采用塑料制作，热胀冷缩严重，在加热灭菌时部分瓶盖会松动，出锅后应马上拧紧瓶盖。

二、培养材料规范

（一）材料方法

1. 培养材料

供试走马胎继代和生根培养的材料为桂林周边地区野生走马胎植株的幼嫩枝条经启动、增殖培养获得的高度 6.0 cm 以上的健壮瓶苗。选取从叶腋生出的芽即腋芽（类型 1）、叶片诱导形成的不定芽（类型 2）和叶片细小的茎段（类型 3）作为接种材料，其中类型 1 数量多，类型 2 数量相对较多，类型 1 和类型 2 为容易获得的材料，类型 3 为苗长势不好时常出现的现象。

2. 培养基及培养条件

用于继代材料选择的培养基为筛选出的继代增殖培养基和生根培养基，即 MS+ 0.5 mg/L BA+0.1 mg/L ZT+1.0 mg/L IAA+30 g/L 蔗糖 +5.5 g/L 琼脂培养基和 1/2 MS+ 2.0 mg/L IAA+1.0 mg/L NAA 培养基，pH 值为 5.8～6.0。培养室温度为 25～28 ℃，光照强度为 800～1200 lx，光周期为 12 h。

3. 接种及观测

将走马胎组培苗剪成带 2 片半张叶的类型 1、类型 2 茎段和叶片细小的类型 3 茎段共 3 类材料，茎段长度均在 2.0 cm 以上，每种培养基接种 20 瓶，每瓶接种 15 个茎段，重复 3 次。接种 50 d 后，测算继代增殖培养基组培苗的苗高、鲜重、茎节长、繁殖系数、叶片长和宽并记录茎叶生长情况；测算生根培养基组培苗的生根率、主根数、根长、苗高、叶片长和宽并记录茎叶及侧根生长情况。采用厘米尺测量苗高、茎节长、根长、叶片长和宽，用分析天平测量鲜重。平均苗高 = 茎长总和/苗数（统计最高芽的茎长），茎节长选取苗中部 1～2 节进行测定，繁殖系数 = 增殖后苗数（株）/增殖前苗数（株），生根率（%）=（生根苗数/接种苗总数）×100%，主根数为苗茎基部长出的根条数，平均根长 = 主根总长度/总根数。

（二）结果

1. 不同培养材料对走马胎组培苗继代增殖的影响

不同培养材料的走马胎组培苗苗高的大小排序为类型 1＞类型 3＞类型 2，其余指标的大小排序均为类型 1＞类型 2＞类型 3（表 10-3）。类型 1 的苗高和茎节长与类型 2 和类型 3 均差异显著，而类型 2 与类型 3 间差异不显著；3 种类型的鲜重均差异显著；类型 3 叶片长和宽与类型 1 和类型 2 均差异显著，而类型 1 和类型 2 差异不显著；类型 1 的繁殖系数与类型 3 差异显著，而类型 2 和类型 3 间差异不显著。类型 1 茎叶生长良好，茎粗壮，叶片大且多，茎叶色泽纯正；类型 2 茎略细，叶片较大且较多，茎叶色泽纯正；类型 3 茎细弱，茎色较浅，叶片细小且少，叶色偏浅。

表 10-3　不同培养材料的走马胎组培苗继代增殖的各指标比较

材料类型	苗高（cm）	鲜重（g）	茎节长（cm）	叶片长（cm）	叶片宽（cm）	繁殖系数
1	7.46±0.30a	1.09±0.07a	1.09±0.03a	2.80±0.20a	1.50±0.11a	2.07±0.04a
2	4.02±0.42b	0.55±0.07b	0.61±0.07b	2.36±0.24a	1.41±0.16a	1.76±0.20ab
3	4.20±0.15b	0.23±0.02c	0.55±0.05b	1.47±0.13b	0.67±0.05b	1.40±0.10b

注：表中同列不同小写字母表示差异显著（$P < 0.05$），下同。

2.不同培养材料对走马胎组培苗生根培养的影响

不同培养材料的走马胎组培苗生根率、主根数、叶片长和宽的大小排序均为类型
1＞类型2＞类型3，苗高的大小排序为类型1＞类型3＞类型2，根长的大小排序为类
型2＞类型1＞类型3（表10-4）。3个类型的生根率和叶片宽均差异显著；类型1的
苗高和叶片长与类型2差异显著，而类型2与类型3间的差异不显著，其中类型1的苗
高与类型3差异不显著，而其叶片长与类型3差异显著；3种类型的主根数均差异不显著；
类型1的根长与类型2和类型3的差异均不显著，类型2的根长与类型3差异显著。

类型1的主根多，为3～5条；侧根较少且较短，为2～15条，长0.1～2.0 cm；
茎粗壮，叶片大且多，茎叶色泽纯正。类型2的主根较多，为3～4条；侧根多且较长，
为6～25条，长0.1～3.0 cm；茎略细，叶片较大，数量少，茎叶色泽纯正。类型3的
主根少，为2～3条；侧根少且短，为1～2条，长0.1～0.5 cm；茎细弱且茎色偏浅，
叶片小且较少，叶色偏浅。

表10-4　不同培养材料的走马胎组培苗生根培养的各指标比较

材料类型	生根率（%）	苗高（cm）	主根数（条）	根长（cm）	叶片长（cm）	叶片宽（cm）
1	93.89±3.13a	3.79±0.28a	3.37±0.40a	4.78±0.13ab	3.76±0.21a	2.36±0.22a
2	67.59±2.15b	2.67±0.32b	2.92±0.23a	5.20±0.38a	2.66±0.02b	1.81±0.03b
3	53.67±2.33c	3.19±0.11ab	2.68±0.33a	3.14±0.87b	2.31±0.11b	1.14±0.03c

三、材料接种操作规范

（一）接种工具的规范

走马胎组织培养过程中，为了能有相对大的空间供走马胎叶片自然舒展，培养瓶采
用广口、容量为670 mL的兰花瓶。配合培养瓶的型号，接种工具采用30 cm长的枪形
镊和22～25 cm的弯剪，以减少接种工具短而容易碰到瓶口所造成的污染。

（二）材料污染检查

先仔细观察母瓶材料是否被污染，在拿进接种室前先用75%乙醇擦拭母瓶表面消毒，
在无菌操作台上打开瓶盖前再一次进行污染检查，确认无污染后才能打开瓶盖。

（三）材料接种的规范

从母瓶取出材料时尽量不要伤到材料，剪材料时要一次剪断，当剪刀不够锋利时要
及时更换，接种材料长度要大于2.0 cm，继代培养时注意材料的上下方向，不能插反，
材料应尽量垂直于培养基表面，或与培养基表面夹角不能小于60°。

四、培养过程规范

材料接种后先进行 1 周暗培养，后转入光照强度为 800 ～ 1200 lx、照射时间为每天 12 h、培养温度为（25±2）℃的环境中，培养时间为 60 ～ 80 d。

五、组培苗驯化移栽规范操作

组培苗移栽是植物组织培养中的一个关键环节，是材料从全人工环境向自然环境过渡的重要阶段，移栽技术关系到生产成本控制甚至组培苗生产的成败。木本植物组培苗移栽普遍较难，对环境、技术及管理的要求较高，我们通过长期实践总结了一套走马胎组培种苗移栽技术。

接种培养 45 ～ 50 d，室外炼苗 10 ～ 15 d；气温 15 ～ 30 ℃，以 20 ～ 25 ℃为最佳；移栽时选择阴天，无风或微风，桂林 3 ～ 5 月及 9 ～ 11 月均可进行走马胎组培苗的移栽。移栽时的具体操作根据天气情况略有不同。刮南风、阴天时，将组培苗洗净，浸泡消毒药水后放入苗盘用纱布盖上，一边移栽一边浇定根水，最后用遮阳网搭小拱棚培养 3 ～ 5 d。刮南风、晴天则需要一边移栽一边浇水，还要及时用遮阳网搭小拱棚进行遮阳，同时需要特别注意水分管理，浇水时应少量多次喷雾，不宜多，否则容易烂根死苗。刮北风、阴天被认为是最理想的走马胎移栽天气，容易人为控制水分，提高成活率，移栽时只需一边移栽一边浇水一边盖遮阳网。刮北风、晴天则需要及时遮阳和多次喷雾。

移栽基质为园土（沙性）：泥炭土：珍珠岩＝3：1：1（体积比），并在移栽前 1 ～ 2 d 用 0.5% 高锰酸钾溶液进行消毒备用；选用 10 cm×15 cm 的网格易降解营养袋。移栽后浇透定根水，移栽后 7 ～ 10 d 每天用清水喷雾保持大气湿度，防止叶片失水，基质湿度以握在手中能自然散开为宜。15 ～ 20 d 后每星期喷施少量叶面肥，随着苗龄增加可适当提高肥料浓度或添加复合肥。以预防为主做好苗期管护，春夏季注意通风透气，保证棚内湿度和温度，秋冬季注意避风、保温、保湿，并根据实际情况，使用符合中药材生产质量管理的农药和防治方法。

第十一章　走马胎叶片营养成分分析及栽培年限差异比较

在引种栽培中发现，走马胎叶片外观形态因植株种植年限不同存在较大差异，如1年生植株叶片质地薄，面积小，且叶片两面均呈暗红色；2年生植株叶片面积变大，叶色转绿；生长3年及以上植株的叶片大、厚，表面密布腺体。前人研究证明，叶片结构建成是营养物质及活性成分积累和变化的基础，而植株生长年限是其重要影响因素（李雁群等，2018）。如植株年龄可明显影响鹤望兰叶片中K、P、B、Fe、Zn等矿质元素含量（黄敏玲等，2007），中国肉桂2年生枝条较1年生和4年生枝条叶片的油细胞密度大、数量多、挥发油含量高（Li et al.，2016），50年生银杏叶的总银杏酸含量最高，25年生的则最低（姚鑫等，2012）。现研究走马胎叶片形态及栽培年限差异是否改变内部代谢物质的积累，进而影响疗效或使用价值。

我们以不同栽培年限走马胎植株的叶片为对象，对其开展营养成分研究，在此基础上进一步评价栽培时间对走马胎叶片营养成分的影响。研究结果旨在了解走马胎叶片营养价值，为其开发利用提供科学依据。

一、材料与方法

（一）材料

2020年10月中旬，在广西植物研究所的走马胎栽培试验地，选择栽培1～4年、生长良好、无病虫害的走马胎植株。从植株顶端往下，取当年生的完整功能叶片。带回实验室，先用纯净水冲洗干净，再用无菌滤纸吸干表面水分后装入自封袋，送至广西壮族自治区分析测试研究中心进行鲜样检测。

（二）检测方法

检测依据：矿质元素（Ca、Mg、P、K、Na、Cu、Fe、Mn、Zn）含量按照GB 5009.268—2016测定；S含量按照JY/T 015—1996测定；维生素C、总糖（转化糖，以葡萄糖计）、蛋白质、脂肪、氨基酸含量分别按照GB 5009.86—2016、GB 5009.8—2016、GB 5009.5—2016、GB 5009.6—2016、GB 5009.124—2016测定；总黄酮（以无水芦丁计）、总皂苷、总酚含量分别按照SN/T 4592—2016（《出口食品中总黄酮的测定》）、NY 318—1997（《人参制品》）附录B、GB/T 8313—2018测定。

仪器设备：Optima 2000DV电感耦合等离子体发射光谱仪（美国Perkin Elmer公司），ZEEEnit700原子吸收光谱仪（德国耶拿），高效液相色谱系统（美国Waters），日立L-8900

型全自动氨基酸分析仪（日本 Hitachi 公司），FOSS2300 全自动定氮仪（瑞典 Foss 公司），双光束扫描紫外可见分光光度计（美国热电），IRIS In-trepid 等离子体发射光谱仪（美国热电），SA-10 原子荧光形态分析仪（北京吉天），TU-1810 紫外可见分光光度计（北京谱析）等。

分析方法：Ca、Mg、P、K、Na、Cu、Fe、Mn、Zn 等元素检测采用电感耦合等离子体发射光谱法（ICP-OES），S 元素检测采用电感耦合等离子体原子发射光谱法；维生素 C 检测采用 2,6-二氯靛酚滴定法，总糖检测采用酸水解-莱因-埃农氏法，蛋白质检测采用凯氏定氮法，脂肪检测采用索氏抽提法，氨基酸检测采用氨基酸分析仪（茚三酮柱后衍生离子交换色谱仪）测定；总黄酮、总皂苷和总酚检测采用分光光度法测定。每个样品测定 3 次。

（三）数据分析

实验数据采用 Excel 和 SPSS 16.0 软件处理分析。

二、结果与分析

（一）走马胎叶片矿质营养元素

由表 11-1 可知，走马胎叶片含有非常丰富的矿质元素，其中含量最高的常量元素是 K（5610～7150 mg/kg），其次为 Ca（2930～5560 mg/kg），Na 最低（6.37～30.30 mg/kg）；K ∶ Na=232～1014 ∶ 1。含量最高的微量元素是 Fe（27.4～788 mg/kg），其次为 Mn（5.84～11.40 mg/kg），Cu 最低（1.68～2.90 mg/kg）。

栽培年限对走马胎植株叶片矿质元素含量影响总体表现为 1 年生植株叶片含量最丰富，2 年生植株叶片含量最低；1 年生植株叶片的 P、K、Cu、Fe、Mn、Zn 含量显著高于 2～4 年生植株叶片的（$P < 0.05$），其中 1 年生植株叶片 Fe 含量高达 788.0 mg/kg；3 年生植株叶片 Ca 含量和 4 年生植株叶片 S 含量显著高于其他年限植株叶片的（$P < 0.05$）；1 年生植株叶片和 4 年生植株叶片 Mg 含量差异不明显（$P > 0.05$），说明走马胎 1 年生植株叶片具有更好的矿质营养。

表 11-1　走马胎叶片矿质营养元素含量

样品	常量元素（mg/kg）						微量元素（mg/kg）			
	Ca	Mg	S	P	K	Na	Cu	Fe	Mn	Zn
1 年生	4180±2.01b	453±1.52a	365±1.55b	832±1.25a	7150±3.10a	9.64±0.20b	2.90±0.05a	788.0±1.88a	11.40±0.02a	7.49±0.06a
2 年生	2930±3.50d	318±1.05c	273±2.12c	271±1.45c	6460±2.56b	6.37±0.15c	2.39±0.10a	27.4±3.04d	6.62±0.02c	3.91±0.05c

续表

样品	常量元素（mg/kg）						微量元素（mg/kg）			
	Ca	Mg	S	P	K	Na	Cu	Fe	Mn	Zn
3 年生	5560 ± 2.03a	415 ± 1.30b	340 ± 1.87b	246 ± 1.52c	7040 ± 2.85a	30.30 ± 0.20a	2.75 ± 0.09a	73.9 ± 1.35b	5.84 ± 0.05c	5.57 ± 0.02b
4 年生	3480 ± 2.96c	480 ± 2.00a	488 ± 2.62a	457 ± 2.03b	5610 ± 2.07c	7.66 ± 0.28c	1.68 ± 0.05c	37.2 ± 1.30c	8.41 ± 0.01b	5.00 ± 0.01b

注：表中同列不同小写字母表示差异显著（$P < 0.05$），下同。

（二）走马胎叶片一般营养成分

由表 11–2 可知，走马胎叶片维生素 C 含量最高（36.2 ～ 177.0 mg/100 g），其次为蛋白质（2.25 ～ 2.90 g/100 g），脂肪最低，仅 0.70 ～ 1.20 g/100 g，呈现高维生素 C 低脂肪特征，符合人们对健康食品的要求。

走马胎叶片维生素 C 含量随着栽培时间的延长而显著增加（$P < 0.05$），总糖含量变化无规律，蛋白质和脂肪含量相对较稳定。4 年生植株叶片的维生素 C、总糖和蛋白质含量最高，分别达 117.0 mg/100 g、3.16 g/100 g、2.90 g/100 g，说明走马胎 4 年生植株叶片具有更好的有机营养。

表 11–2　走马胎叶片一般营养成分含量

样品	营养成分含量			
	维生素 C（mg/100 g）	总糖（g/100 g）	蛋白质（g/100 g）	脂肪（g/100 g）
1 年生	36.2 ± 1.00d	1.69 ± 0.20c	2.62 ± 0.15a	1.20 ± 0.05a
2 年生	59.6 ± 2.57c	2.05 ± 0.15b	2.25 ± 0.25b	0.70 ± 0.20b
3 年生	81.7 ± 2.05b	1.76 ± 0.18c	2.60 ± 0.12a	1.00 ± 0.05a
4 年生	177.0 ± 1.40a	3.16 ± 0.10a	2.90 ± 0.15a	1.10 ± 0.15a

（三）走马胎叶片氨基酸成分

由表 11–3 可知，不同栽培年限走马胎叶片均能检出 15 种相同的氨基酸，包括赖氨酸、苯丙氨酸、苏氨酸、亮氨酸、异亮氨酸和缬氨酸等 6 种人体必需氨基酸。检出的 15 种氨基酸中门冬氨酸和谷氨酸（> 0.2 g/100 g）含量最高，其次为脯氨酸、甘氨酸、丙氨酸、缬氨酸、亮氨酸、苯丙氨酸和赖氨酸（> 0.1 g/100 g），酪氨酸和组氨酸的含量较低（< 0.1 g/100 g）；必需氨基酸（EAA）和非必需氨基酸（NEAA）在总氨基酸（TAA）中的占比分别为 39.08% ～ 41.38%（EAA/TAA）、58.62% ～ 60.92%（NEAA/TAA）。

走马胎叶片中各类氨基酸、总氨基酸和必需氨基酸含量均以 4 年生植株为最高，

2 年生植株为最低，最高含量出现时间与一般营养成分含量分析结果类似，说明走马胎栽培年限可明显影响叶片有机物的合成和积累。

表 11-3　走马胎叶片氨基酸含量

氨基酸种类	各样品中含量（g/100 g）			
	1 年生	2 年生	3 年生	4 年生
门冬氨酸 Asp	0.24±0.010b	0.22±0.010b	0.24±0.020b	0.36±0.015a
苏氨酸 Thr	0.099±0.003b	0.093±0.002b	0.100±0.010b	0.120±0.006a
丝氨酸 Ser	0.096±0.002a	0.090±0.001a	0.110±0.015a	0.110±0.010a
谷氨酸 Glu	0.22±0.010b	0.21±0.009b	0.22±0.020b	0.28±0.010a
脯氨酸 Pro	0.10±0.012b	0.10±0.005b	0.11±0.010b	0.15±0.020a
甘氨酸 Gly	0.12±0.01b	0.12±0.01b	0.14±0.02a	0.15±0.01a
丙氨酸 Ala	0.13±0.006ab	0.12±0.010b	0.12±0.005b	0.14±0.009a
缬氨酸 Val	0.12±0.005b	0.11±0.005b	0.12±0.060b	0.15±0.010a
异亮氨酸 Ile	0.092±0.001b	0.086±0.002b	0.094±0.005b	0.120±0.010a
亮氨酸 Leu	0.20±0.010b	0.18±0.010c	0.18±0.010c	0.22±0.015a
酪氨酸 Tyr	0.081±0.005a	0.073±0.002a	0.081±0.001a	0.088±0.002a
苯丙氨酸 Phe	0.12±0.010b	0.14±0.020a	0.12±0.009b	0.15±0.005a
赖氨酸 Lys	0.15±0.03b	0.14±0.01b	0.14±0.02b	0.17±0.02a
组氨酸 His	0.043±0.001a	0.039±0.001a	0.042±0.001a	0.051±0.002a
精氨酸 Arg	0.096±0.002b	0.091±0.001b	0.098±0.001b	0.120±0.010a
总氨基酸 TAA	1.91	1.81	1.92	2.38
必需氨基酸 EAA	0.781	0.749	0.754	0.930
非必需氨基酸 NEAA	1.129	1.061	1.166	1.450
EAA/TAA（%）	40.89	41.38	39.27	39.08
NEAA/TAA（%）	59.11	58.62	60.73	60.92

（四）走马胎叶片主要生理活性物质

表 11-4 显示，走马胎叶片含有丰富的酚类（590～880 mg/100 g）和皂苷类（281.2～367.9 mg/100 g）物质，黄酮类物质含量较低（＜50.0 mg/100 g）。1～3 年生植株叶片总酚含量随栽培年限的延长而显著下降（$P < 0.05$），但第四年又快速回升至最大值；总皂苷含量随栽培年限延长逐渐下降，且 1 年生植株叶片显著高于 2～4 年生植株叶片（$P < 0.05$）。走马胎 1 年生和 4 年生植株叶片分别含有较高的皂苷类和酚类活性物质，因此使用时应根据需要进行选择。

表 11-4　走马胎叶片主要活性物质含量

活性物质	各样品中含量（mg/100 g）			
	1 年生	2 年生	3 年生	4 年生
总酚	710 ± 1.52b	670 ± 1.50c	590 ± 1.73d	880 ± 1.10a
总皂苷	367.9 ± 2.04a	297.4 ± 1.00b	283.6 ± 1.56b	281.2 ± 1.15b
总黄酮	＜ 50.0	＜ 50.0	＜ 50.0	＜ 50.0

三、讨论与结论

（一）走马胎叶片矿质营养分析

本研究发现走马胎叶片含有丰富的矿质营养，且大部分元素含量明显高于普通水果、鲜茶叶和蔬菜（宋曜辉等，2009；李云仙等，2016；李金贵等，2018；倪杨等，2020）。尤其是 1 年生植株叶片 Fe 含量高达 788.0 mg/kg，分别为猪肝、蛋黄、芝麻酱的 3 倍、11 倍和 1.5 倍。走马胎叶片 K ∶ Na=232 ～ 1014 ∶ 1，对照余庆小叶苦丁茶和梵净山白茶的 K、Na 含量（杨天友等，2016、2020）及高钾低钠型蔬菜的比值（豌豆 276 ∶ 1，南瓜 181 ∶ 1），发现走马胎具有高钾低钠型食材特征。现有研究表明，食物中的 Ca、Mg、S、P、K、Fe、Mn、Zn 等元素是人体结构组成、生长发育及各种生理活动的物质基础，高钾低钠型食物能有效维持体内酸碱平衡及血压正常（何志廉，1988）。可见，走马胎叶片不仅能为人体提供良好的矿质营养，具有高钾低钠型健康食材的特征，而且对保持血压稳定具有潜在价值。

栽培年限能显著影响走马胎植株叶片中的矿质元素含量，这一结论与树龄能明显影响油茶、柚等多年生常绿树种叶片中的矿质元素含量相似（闫荣玲等，2016；雷靖等，2019），可能是不同树龄植株根系对某一元素的吸收能力及树体对具体元素的需求差异所致（冯美利等，2012）。本研究结果还显示，走马胎 1 年生植株叶片矿质元素含量普遍较高，2 年生植株叶片的则较低，说明 1 年生植株叶片具有更好的矿质营养价值。结合不同栽培年限走马胎叶片外观形态变化分析，高含量的 Fe、Mn 等有色金属元素含量差异可能是导致叶片颜色变化的原因之一，1 年生植株叶片因 Fe、Mn 含量高而呈暗红色，2 年生植株叶片的含量最低而呈绿色。

（二）走马胎叶片一般营养分析

维生素 C 是维持人体正常代谢的重要物质，参与多种生理活动，但人体自身不能合成，必须从日常食物中获取；蛋白质作为组织和细胞的重要组成，是人体生命活动不可缺少的物质；故维生素 C 和蛋白质被作为果蔬品质评价的主要指标。走马胎植株叶片的维生素 C（36.2 ～ 177.0 mg/100 g）和蛋白质（2.25 ～ 2.90 g/100 g）含量普遍高于葡萄、番茄、油麦菜、红绿茶、生菜、大白菜、芹菜等日常果蔬和茶叶的（张贤忠等，2013；丁素君等，2014；曲媛等，2014；王延华等，2020；童兰艳等，2020），其中4年生植株叶片维生素C含量高达177.0 mg/100 g，已超过沙棘（160 mg/100 g）和红辣椒（144 mg/100 g）等高维生素C含量品种。走马胎叶片脂肪总体保持较低水平，含量为0.70～1.20 g/100 g，非常有利于人体健康，说明走马胎叶片具有较高的食用价值。

栽培年限对走马胎叶片中维生素C和总糖含量的影响较大，对蛋白质和脂肪的影响相对较小，其中4年生植株叶片的维生素C、总糖和蛋白质含量最高，1年生植株叶片的最低。叶片是植物进行光合作用的主要场所，叶片组织结构直接影响其化合物的产生和积累，走马胎1年生植株叶片小、薄，叶色暗红，叶绿素含量较低，导致光合作用和储藏能力较弱，维生素和碳水化合物含量低；而4年生植株叶片大、厚，并含大量腺体，结构完整，光合作用和储藏能力较强，因此维生素和碳水化合物含量高。

（三）走马胎叶片氨基酸分析

走马胎叶片包含6种人体必需氨基酸，其中EAA/TAA为39.08%～41.38%，NEAA/TAA为58.62%～60.92%，与WHO/FAO（1991）提出的理想蛋白模式EAA/TAA=40%、EAA/NEAA=60%非常接近，说明不同生长年限走马胎叶片氨基酸配比合理。走马胎叶片氨基酸中含量最高的是门冬氨酸和谷氨酸，门冬氨酸在临床上被广泛用于肝炎、肝硬化、肝昏迷等肝病的治疗，谷氨酸则为哺乳动物获得净氨基氮的主要氨基酸，能解除组织代谢过程中产生的氨毒害作用，并参与脑组织代谢（徐瑾等，2011），可见走马胎叶片中含量最高的2种氨基酸均具有较好的药用价值。

不同生长年限的走马胎植株叶片所含氨基酸种类相同，含量则以4年生植株叶片的为最高，2年生植株叶片的为最低，说明栽培年限对走马胎叶片氨基酸种类影响较小，但对氨基酸含量影响较大。与一般营养分析结果比较可知，走马胎4年生植株叶片具有更好的有机营养。

（四）走马胎叶片活性物质分析

走马胎叶片含有丰富的皂苷类和酚类物质，前人研究表明，从走马胎中分离提取的三萜皂苷类物质对多种肿瘤细胞具有较强的抑制作用（穆丽华等，2011；谷永杰等，2014；陈超等，2015），而岩白菜素衍生物（属于酚类物质）具有较强的抗氧化作用（杨竹等，2008），两者是走马胎的主要活性物质。走马胎1年生植株叶片总皂苷含量最高，4年生植株叶片总酚含量最高，推测走马胎幼年植株叶片可能具有更好的抗癌活性物质，成年植株叶片具有更好的抗炎活性物质。

综上所述，走马胎叶片富含多种人体所需的营养成分和生理活性物质，有较高的药用和保健价值，具有深度开发利用的价值潜力。但因成分类型不同含量呈现较大的年限差异，总体表现为 1 年生植株叶片含有较多的矿质元素和皂苷类物质，4 年生植株叶片含有较多的有机营养、酚类物质和氨基酸，2 年生植株叶片的大多数检测指标均处于最低值，因此在生产中应避免使用 2 年生植株叶片，并根据需要选择 1 年生或 4 年生植株叶片进行使用或开发成不同产品。

第十二章 栽培年限对走马胎生长及活性成分的影响

我们以 1～5 年生走马胎种子直播植株为对象，研究不同栽培年限对走马胎根、茎、叶生长发育及活性成分的影响，探讨走马胎各器官生物量及活性成分积累的动态变化规律，为走马胎药材质量控制和科学采收提供理论依据。

一、材料与方法

（一）试验区域概况

试验区位于广西桂林市恭城瑶族自治县平安乡，110°93′54″E、24°88′64″N，海拔 330 m；年均气温 19.7 ℃，年均降水量 1437 mm，年相对湿度 80%。样地缓坡 20°，上层树种为杉木，郁闭度 75%～85%，土壤类型为黑色砂质土，土壤背景数据见表 12-1。

表 12-1 试验区土壤检测结果

检测项目	含量
pH 值	5.75
有机质（g/kg）	55.06
全氮（g/kg）	2.11
全磷（g/kg）	0.38
全钾（g/kg）	42.43
水解性氮（mg/kg）	186.44
有效磷（mg/kg）	9.27
速效钾（mg/kg）	101.58
交换性钙（mg/kg）	901.00
交换性镁（mg/kg）	34.25
有效锌（mg/kg）	1.51
有效铁（mg/kg）	83.88
有效锰（mg/kg）	20.65
有效硫（mg/kg）	15.78

（二）试验材料及生物量统计

2020 年 10 月，选择生长良好、无病虫害的 1～5 年生走马胎种子直播植株，每个栽培年限随机取样 10 株，重复 3 次。用卷尺测量株高，用游标卡尺测量基径（离地面 5 cm 高的茎粗）并统计叶片数。采用全株挖掘的方法挖取植株，并根据走马胎植株特点将其分为根、茎、叶三部分，做好标签。装入封口袋带回实验室，清洗干净表面杂质后晾干水分，在 105 ℃条件下杀青 30 min 后在 70 ℃条件下烘干至恒重，测量干重。

（三）活性成分检测

1. 供试品溶液制备

分别将烘至恒重的样品磨碎，过 40 目筛，精密称取 0.10 g，各加 50% 甲醇 10 mL 超声 1 h 提取，13000 r/min 离心 5 min，上清液分别定容至 10 mL，摇匀备用。

2. 总皂苷含量测定

（1）标准曲线制作。精密称取齐墩果酸 5.1 mg，置于 10 mL 容量瓶中加 50% 甲醇溶解并稀释至刻度处，摇匀，得到浓度为 0.51 mg/mL 的对照品溶液。分别精密吸取 0 μL、50 μL、100 μL、150 μL、200 μL 对照品溶液于试管中，60 ℃条件下鼓风吹干，加入 5% 香兰素 0.2 mL、高氯酸 0.8 mL，保鲜膜封口摇匀后置于 60 ℃条件下水浴 15 min，自来水冷却，迅速加入冰醋酸 5 mL，保鲜膜封口摇匀，静置 5 min，以 0 μL 对照品溶液管作为空白对照，590 nm 波长下测定吸光度，以齐墩果酸含量为横坐标，以其吸光度值为纵坐标，得到齐墩果酸含量测定标准曲线，并得到回归方程。

（2）样品中总皂苷含量测定。分别吸取供试品溶液，注入试管，按照上述标准曲线制作步骤进行。依据之前求得的回归方程来计算总皂苷含量。

3. 总酚含量测定

（1）标准曲线制作。精密称取没食子酸 10.4 mg，置于 10 mL 容量瓶中加 50% 甲醇溶解并稀释至刻度处，摇匀，得到浓度为 1.04 mg/mL 的对照品储备液。精密吸取 1 mL 对照品储备液置于 10 mL 容量瓶中，用 50% 甲醇稀释至刻度处，摇匀，得到浓度为 0.104 mg/mL 的对照品溶液。分别精密吸取 0 μL、40 μL、80 μL、120 μL、160 μL、200 μL、240 μL、400 μL 对照品溶液于试管中，加入 Folin 试剂 0.5 mL，混匀后静置 2 min，加入 7.5% 碳酸钠溶液 1.5 mL，加去离子水稀释至 5 mL，摇匀，振荡混匀，暗置 30 min，以去离子水管作为空白对照，760 nm 波长下测定吸光度，以没食子酸含量为横坐标，以其吸光度值为纵坐标，得到没食子酸含量测定标准曲线，并得到回归方程。

（2）样品中总酚含量测定。分别吸取供试品溶液 0.1 mL，注入试管，按照上述标准曲线制作步骤进行。依据之前求得的回归方程来计算总酚含量。

4. 总黄酮含量测定

（1）标准曲线制作。精密称取芦丁 4.216 mg，置于 10 mL 容量瓶中加 50% 甲醇溶解并稀释至刻度处，摇匀，得到浓度为 0.4216 mg/mL 的对照品溶液。分别精密吸取 0 mL、0.3 mL、0.6 mL、0.9 mL、1.2 mL、1.5 mL 对照品溶液于试管中，加去离子水稀释至 5 mL，加入 5% 的亚硝酸钠溶液 1 mL，摇匀后静置 6 min，加入 10% 硝酸铝溶液 1 mL，摇匀后静置 6 min，加入 4% 氢氧化钠溶液 4 mL，摇匀后静置 30 min，以 0 mL 对照品溶液管作为空白对照，495 nm 波长下测定吸光度，以芦丁含量为横坐标，以其吸光度值为纵坐标，得到芦丁含量测定标准曲线，并得到回归方程。

（2）样品中总黄酮含量测定。分别吸取供试品溶液 1 mL，注入试管，按照上述标准曲线制作步骤进行。依据之前求得的回归方程来计算总黄酮含量。

（四）结果计算

总生物量 = 根生物量 + 茎生物量 + 叶生物量。

根比重 = 根生物量/总生物量。

茎比重 = 茎生物量/总生物量。

叶比重 = 叶生物量/总生物量。

地上生物量比重 =（茎生物量 + 叶生物量）/总生物量。

（五）数据分析

数据采用 Excel 2010 软件进行处理，并利用 SPSS 16.0 软件进行单因素差异显著性分析。

二、结果与分析

（一）栽培年限对走马胎植株形态指标的影响

由下图可知，栽培年限对走马胎的株高、基径及叶片数均有显著影响。株高和基径随栽培年限的延长而显著增长（$P < 0.05$），且增长节奏和变化趋势非常相似，均为第二、第三年处于趋势线下方，第四、第五年位于趋势线上方，说明株高和基径在第二、第三年的增长速度较第四、第五年低。走马胎叶片数由多至少依次为第五年＞第四年＞第二年＞第一年、第三年，其中第五年（14.11 片）显著多于第一至第四年（5.40～8.22 片）（$P < 0.05$），第四年显著多于第一、第三年（$P < 0.05$），第一至第三年变化不明显。

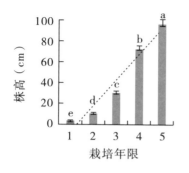 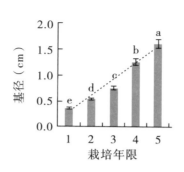 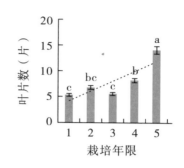

注：图中不同小写字母表示差异显著（$P < 0.05$），下同。

不同栽培年限对走马胎植株形态指标的影响

（二）栽培年限对走马胎各器官生物量的影响

表 12-2 显示，1 ～ 5 年生走马胎植株根、茎、叶生物量随栽培年限的延长显著增加（$P < 0.05$），且增量大小依次为根＞茎＞叶。根、茎生物量增长速度最快出现在第四年，分别较前一年增加了 794% 和 719%，第五年最慢，仅为 126% 和 154%；叶生物量增长速度为第二年最快，比第一年增加了 338%，之后均保持在 130% 左右。

表 12-2 不同栽培年限对走马胎各器官生物量的影响

栽培年限	根生物量（g）	茎生物量（g）	叶生物量（g）	总生物量（g）
1	0.17 ± 0.01e	0.06 ± 0.01e	0.16 ± 0.01e	0.39 ± 0.02e
2	0.45 ± 0.05d	0.37 ± 0.01d	0.70 ± 0.02d	1.52 ± 0.03d
3	1.89 ± 0.52c	1.54 ± 0.67c	1.61 ± 0.48c	5.04 ± 1.02c
4	16.89 ± 2.44b	12.61 ± 3.71b	3.72 ± 1.04b	33.22 ± 1.89b
5	38.22 ± 7.81a	32.09 ± 2.08a	8.63 ± 0.56a	78.94 ± 5.65a

（三）栽培年限对走马胎各器官生物量分配规律的影响

由表 12-3 可知，栽培年限可显著影响走马胎各器官生物量分配比重（$P < 0.05$），但不同器官比重变化规律差异较大。根比重、地上部比重随栽培年限的延长而变化无规律；茎比重、叶比重变化趋势相反，茎比重随栽培年限的延长逐渐增大，叶比重随栽培年限的延长逐渐减小。根生物量占比较茎、叶高，为 0.30 ～ 0.51，最大值出现在第四年；茎比重、叶比重分别为 0.15 ～ 0.41、0.11 ～ 0.46。

表 12-3　不同栽培年限对走马胎各器官生物量分配的影响

栽培年限	根比重	茎比重	叶比重	地上部比重
1	0.44±0.03b	0.15±0.01d	0.41±0.02a	0.56±0.04c
2	0.30±0.02d	0.24±0.01c	0.46±0.05a	0.70±0.05a
3	0.38±0.03c	0.31±0.02b	0.31±0.03b	0.62±0.03b
4	0.51±0.04a	0.38±0.03a	0.11±0.01c	0.49±0.06d
5	0.48±0.04ab	0.41±0.03a	0.11±0.02c	0.52±0.05cd

（四）栽培年限对走马胎各器官活性物质含量的影响

由下图可知，走马胎各器官中活性物质含量总体呈现根＞叶＞茎，且受栽培年限的影响较大。走马胎根、茎、叶中总皂苷含量以 3 年生植株为最高，分别为 3.14%、1.9% 和 1.52%；茎、叶中总酚、总黄酮含量均以 1 年生植株为最高，分别为 1.81%、2.96% 和 2.34%、3.11%；根中总酚含量以 2 年生植株为最高，根中总黄酮含量以 4 年生植株为最高，分别为 4.01%、7.54%。

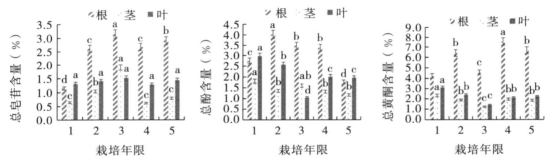

不同栽培年限对走马胎各器官活性物质含量的影响

三、结论与讨论

随着栽培年限的延长，走马胎的株高、基径及根、茎、叶生物量均呈现显著增长的变化趋势，且根、茎生物量增长速度最快出现在第四年，说明栽培年限是影响走马胎各器官生物量的重要因素。走马胎地上部生物量比重较大值出现在第二、第三年，根生物量比重较大值出现在第四、第五年；茎生物量比重随栽培年限的延长显著增大，叶的则减小。这与多年生植物随着生长的进行会分配更多的生物量到地上部分，及白刺植株随着生长的进行会将更多的生物量分配给同化吸收器官而不是支持结构的研究结果存在较大差异（邢磊等，2020）。究其原因可能与所研究物种的生物学特性有关，走马胎植株因无侧枝生长而限制了茎、叶的增长空间，从而导致生长后期地上部及同化器官叶生物量比重的下降，同时根生物量比重增加。

　　走马胎不同器官中活性成分含量差异较大，总体呈现为根＞叶＞茎，这与传统用药习惯相符，说明走马胎根系为其主要药用部位具有科学依据。同时，栽培年限能明显影响走马胎不同器官的活性成分含量，但变化趋势因成分类型不同而存在明显差异，这是不同成分的生物合成代谢途径差异及代谢途径中调控关键基因的表达差异所致（胡国强等，2012；Dey et al.，2018）。其中抗肿瘤主要活性成分皂苷含量最高出现在第三年，且根、茎含量显著高于其他年限，这与3年生柴胡、三七根中皂苷含量最高的结果一致（胡正海，2005），但此结果在以皂苷类物质为主要成分的药用植物中是否具有普遍性还需要进一步研究。

　　综合走马胎植株生长发育和生物量积累规律及活性成分含量和变化特点，走马胎最佳药用部位为根系，栽培3～4年采收比较合适。本研究结果可为走马胎药材采收和使用提供科学依据，具有较高的参考价值。

第十三章 走马胎种苗繁殖技术及质量标准

第一节 播种繁殖

一、种子的采集和贮藏

于 11 ～ 12 月走马胎浆果呈橙黄色或淡红色时采摘，与细沙混合搓揉，在水中漂浮去除果肉、果皮和不成熟的种子，捞起冲洗干净，放在阴凉通风处阴干。阴干的种子采用沙藏至翌年 2 ～ 3 月播种。沙藏方法：常温下湿润沙层积贮藏，按 15：1 的体积比将湿沙（湿度以手握成团、一触即散为好）和走马胎种子混合，堆放在底部有洞的塑料桶或木箱内，置于室内通风阴凉处。储藏时为了保持沙的湿度，15 d 左右翻沙和洒水各一次。

二、播种

（一）选地和整地

根据走马胎的生物学和生态学特性，选择土壤肥沃、排水良好、水源充足、交通便利的沙质壤土地块。可选择透光度为 20% 左右的林下，或人工搭建遮阳网营造光照适宜的环境。走马胎喜欢在中性微酸性土壤中生长。走马胎需水量大，苗圃应靠近水源，最好配套灌溉设施。苗圃土壤要求疏松、肥沃、腐殖质含量丰富、透水透气性好。于秋季整地。选地去掉土地砂石、树根等杂物，然后平整土地，深翻 40 ～ 45 cm，开宽 80 ～ 100 cm、高 25 ～ 30 cm 的畦。每亩施 2000 ～ 2500 kg 腐熟的有机肥或土杂肥，均匀施肥，淋透 1 次水。

（二）播种时间

在桂北地区以 2 ～ 3 月播种为宜。

（三）播种方法

播种前对将要播种的种子进行筛选，去掉霉变或不饱满的种子。选择健康的种子放入 30 ℃的温水中浸泡 12 h，将吸胀的种子进行播种。可撒播或点播。开春后，当气温回升到 15 ℃以上，选择晴好天气，在整好的苗床上按行距 15 ～ 20 cm、深 3 ～ 5 cm 开沟，将种子均匀地播入沟中，每亩播种约 10 kg，播种后覆盖细土 1 ～ 2 cm，最后盖一层稻草或其他干草类，以保持湿度。如播种地为不在林下的地块，则必须搭矮棚遮阳。幼苗出土后，立即揭去盖草；幼苗长出 4 片叶时，选阴雨天移栽定植。

（四）实生苗的管理

1. 水分管理

注意水分管理，保持畦面湿润并防止积水；及时松土，确保土壤疏松透气。当苗床土见干后应当及时淋水，每次淋水要淋透；淋水时选择花洒头，若直接冲击苗床会使种子露出，造成种子生理干旱，影响种子发芽。遇到雨季，要及时排水，防止水涝。

2. 除草

按照除早、除小的原则进行。除草不要伤及小苗，除草后轻轻压实苗木的根部，防止因为拔草露出根系。整个苗期均应及时除草，保持畦面无杂草，每年除草 4～5 次。

3. 追肥

按"次多量少"的施肥原则进行追肥。走马胎对肥料的需求较大，应及时追肥。有条件则以腐熟的人畜粪水或麦麸为主。3～5 月追肥以氮肥为主，最好施水肥，尿素浓度为 0.2%～0.3%；6 月后追肥以复合肥为主，磷酸二氢钾为辅。复合肥浓度为 0.3%～0.5%，磷酸二氢钾叶面喷施的浓度为 1：800～1000。

第二节　扦插繁殖

走马胎扦插繁殖分两步完成，先将插穗在沙床诱导生根，后把生根的插穗移栽到营养较为丰富的营养杯中培育成壮苗。插穗在沙床上生根率高，且利于管理并节约空间，后期移入营养杯，既可提高定植成活率，也方便运输。

一、扦插生根阶段

（一）苗圃选择和苗床准备

根据走马胎生长习性，选择气候温和、避风、排水良好、透光度为 20% 左右的林下，或人工搭建遮阳网营造光照适宜的环境。苗圃需安装灌溉设施，要求喷射水为雾状。苗床铺设 25～30 cm 厚的干净河沙，备用。

（二）插穗选择和处理

春季或秋季，气温在 15～25 ℃，选择无病虫害、生长健壮的植株，取表皮颜色为深绿色或灰色的已木质化新枝。将剪刀用 75% 乙醇消毒后，将枝条剪成长 10～12 cm、带 1～2 个节的插穗，要求插穗上端平齐，下端呈马口形，并保留半张叶片。插穗下剪口，距下节 1 cm 左右，以利生根。将剪好的插穗每 100 枝捆成一扎，放入 400 mg/L NAA 和

50% 多菌灵溶液的药剂中置于阴凉处浸泡 2 h，捞出沥干水分后即可扦插。随采随插，防止枝条放置时间过长，更不能过夜。

（三）扦插

选择晴好天气，将处理好的插穗插入苗床。插入深度为插穗的 2/3，叶片不能相互重叠，株行距为 6 cm×7 cm，插后用手压实，使基部与基质紧密接触，淋透水，覆盖薄膜保持空气和基质湿润。

（四）日常管理

注意水分管理，保持苗床表面湿润并防止积水，湿度控制在 70% ～ 85%。插穗生根后去掉薄膜，减少喷水量。根据温、湿度的变化通过喷水和适当通风对其环境条件进行调节，保持棚内空气的相对湿度在 80% 以上。及时做好除草、浇水、施肥和病虫害防治等日常管理工作。

二、生根插穗培育成苗阶段

（一）基质和营养杯

移栽基质体积比为园土（沙性）：泥炭：珍珠岩 =3 ：1 ：1，并在移栽前 1 ～ 2 d 用 0.5% 高锰酸钾溶液或 50% 的多菌灵溶液进行消毒备用。营养杯选用 10 cm×15 cm 的网格易降解营养袋。

（二）移栽

选择晴好天气，将具根 4 条及以上、生长良好的插穗，移入营养杯中，注意尽量不要伤害根系和新芽。移栽后浇透定根水。

（三）水肥管理

移栽后 7 ～ 10 d 每天用清水喷雾保证空气湿度，防止叶片失水，基质湿度以握在手中能自然散开为宜。15 ～ 20 d 后每星期喷施少量叶面肥，随着苗龄增加可适当提高肥料浓度或添加复合肥。以预防为主做好苗期管护，春夏季注意通风透气，保证棚内湿度和温度，秋冬季注意避风、保温、保湿。

第三节 组织培养繁殖

一、以叶片为启动材料的培养方法

符运柳等（2017）以走马胎幼嫩叶片为启动材料，研究了不同培养基对叶片愈伤组织诱导、不定芽分化、增殖及生根培养的影响，通过诱导叶片形成愈伤组织再分化不定芽的途径获得了走马胎再生植株。具体方法如下。

（1）叶片消毒。选取健壮无病虫害的走马胎幼嫩叶片，在流水下冲洗干净，然后在超净工作台上用吸水纸吸干材料表面水分，再用 75% 乙醇消毒 0.5～1 min，无菌水冲洗 2 次，接着用 0.1% $HgCl_2$ 溶液消毒 8 min，无菌水冲洗 5 次，最后用无菌滤纸吸干材料表面的水分备用。

（2）愈伤组织诱导。将消毒好的叶片切掉叶缘，然后沿与叶脉垂直方向切成约 0.5 cm × 1.0 cm 的小块，接种于不同培养基 MS+1.0 mg/L 6–BA+1.0 mg/L NAA 上诱导愈伤组织。外植体先在切口处产生黑色愈伤组织，继而形成质地较硬的翠绿色愈伤组织。

（3）诱导愈伤组织分化不定芽。将翠绿色愈伤组织切成小块接种于 MS+2.0 mg/L 6–BA+0.1 mg/L NAA 培养基上，可诱导形成多个较为粗壮的不定芽，40 d 时不定芽分化率高达 88.9%。

（4）不定芽继代增殖。将从愈伤组织分化的不定芽切割成小块转入继代增殖培养基中，形成丛芽，再将丛芽切割成小丛后接种到相同的培养基上继代增殖培养。

（5）壮苗及生根培养。生根前将丛芽切割成小块，转到 MS+0.5 mg/L 6–BA+0.1 mg/L NAA+10% 椰子水（CW）培养基上进行壮苗培养。待不定芽长到 2～3 cm 高时，切成单株接种于 MS+0.1 mg/L NAA+1.0 mg/L IBA 培养基上诱导生根，培养 10 d 后，开始从切口处产生不定根，30 d 后形成具良好根系的完整植株。

（6）炼苗移栽。将 3～5 cm 高的生根苗连培养瓶放置在控温大棚内炼苗，7 d 后将苗移出培养瓶外，洗净小苗根部的培养基，放入 600 倍稀释液的多菌灵溶液中浸泡 0.5～1 min，移栽于经多菌灵溶液消毒的混合基质中，40 d 后成活率 85% 以上。基质配比及移栽前处理：草炭土∶椰糠∶河沙体积比为 3∶2∶1，移栽前将基质混匀后，用多菌灵溶液淋透，盖上薄膜捂 3～5 d 后揭开，用清水淋透后种苗，种苗后淋足定根水。

（7）移栽管理。移栽 7～10 d 内，覆盖薄膜保湿，基质湿度保持在 85% 左右，然后逐渐降低至 70%；空气湿度 90% 以上，然后逐渐降低至 60%～70%；遮光度 60%～70%，然后逐渐降低至 30% 左右；15～20 d 后幼苗生新根，晴天上午采用 0.2%～0.3% 尿素溶液喷雾后，用清水淋洗，每 7 d 施肥 1 次。利用多菌灵溶液 500 倍稀释液、百菌清溶液 500 倍稀释液、甲霜灵溶液 800 倍稀释液复合防病，利用菊酯类杀虫剂除虫。

二、以茎段为启动材料的培养方法

以幼嫩茎段为启动材料，通过以芽繁芽方式进行走马胎组织培养的报道较多，研究全面且较深入，技术也较成熟，但各报道方法和效果存在一定差异。

（1）茎段选择及消毒。选择无病虫害且生长健壮的植株，取其幼嫩枝条，去除叶，清洗干净。唐凤鸾等（2019）将枝条剪成 6 ～ 7 cm 长的小段，先用 75% 乙醇浸泡 30 ～ 40 s，无菌水冲洗 2 遍，再用 0.1% HgCl$_2$ 溶液浸泡 4 ～ 5 min，无菌水冲洗 5 ～ 6 遍，吸干表面水分后切成长 2 ～ 3 cm、带 1 ～ 2 个茎节的小段。蔡时可等（2019）则是将枝条切成单芽茎段后，用 70% 乙醇浸泡 30 s，再用含有吐温的 0.1% HgCl$_2$ 溶液处理 7 ～ 9 min。王强等（2019）选择播种 1 年的走马胎幼苗，采集 1.5 cm 长的嫩茎，用 75% 乙醇擦拭 40 s，在 0.1% HgCl$_2$ 溶液中消毒 5 ～ 7 min 或 5% NaClO 溶液中消毒 8 ～ 10 min。上述方法差异主要表现在枝条处理和 HgCl$_2$ 处理时间上，走马胎幼嫩枝条纤维化程度极低，且对 HgCl$_2$ 非常敏感，消毒时需要严格控制时间，否则极易杀伤材料，影响后期培养。

（2）初代芽诱导。将消毒灭菌后的茎段接入芽诱导培养基进行初代芽培养。唐凤鸾等（2019）发现含 6-BA 和 ZT 的 MS 培养基效果较好，诱导率分别为 89.3% 和 85.7%，且腋芽生长良好，茎秆粗壮，叶片宽厚且色泽纯正；含 KT 的培养基的效果差，形成的腋芽生长不良，茎秆细小并且叶色偏绿，尤其在后期的继代培养中生长缓慢，个别腋芽出现死亡，诱导率也显著降低。王强等（2019）发现基本培养基 WPM 较 MS 利于走马胎腋芽萌发，且以 WPM+2.0 mg/L BAP+0.2 mg/L NAA+0.2 mg/L 2,4-D 培养基为最佳，诱导率为 74.4%。

（3）芽增殖培养。唐凤鸾等（2019）研究了 6-BA、ZT、NAA 对走马胎芽增殖培养的影响，发现 6-BA 可显著影响芽高和增殖系数，在走马胎腋芽增殖培养中起主导作用。同时发现培养基 MS+1.0 mg/L 6-BA+0.2 mg/L NAA 和培养基 MS+0.5 mg/L ZT 均可用于腋芽的诱导和前期继代培养，但芽增殖最佳培养基为 MS+0.5 mg/L 6-BA+0.1 mg/L ZT+0.1 mg/L NAA。蔡时可等（2019）认为 6-BA、KT 和 IBA 的激素组合都能诱导走马胎不定芽增殖，增殖效率与 6-BA 浓度正相关，但当浓度达到 2.0 mg/L 时虽然能获得较多不定芽，可芽细弱、质量差，已不适合进行下一代的增殖，加入 KT 和 IBA 可以提高苗的均一性，最终总结出改良培养基 MS+1.0 mg/L 6-BA+1.0 mg/L KT+0.05 mg/L IBA 为走马胎芽增殖最佳培养基。王强等（2019）使用的基本培养基为 WPM，他认为 pH 值为 6.0 的 WPM+2.0 mg/L BAP+0.2 mg/L NAA 培养基有利于走马胎腋芽的不定芽诱导和增殖。

（4）壮苗生根培养。NAA 可有效促进走马胎组培苗根系分化和生长，与 IAA 或 IBA 联合使用效果更佳。唐凤鸾等（2019）研究发现 1/2 MS+1.5 mg/L IAA+1.0 mg/L NAA 为走马胎最佳生根培养基，而单独使用 IAA 时不仅生根率低，且根数少、质量差。王强等（2019）在研究走马胎生根培养时单独添加 NAA 或 IBA，发现其生根率和生根数量均显著低于和少于 NAA、IBA 联合使用的效果，因此认为 MS+2.0 mg/L IBA+0.5 mg/L NAA 是走马胎最佳生根诱导培养基。而蔡时可等（2019）认为改良培养基 1/2 MS+0.2 mg/L NAA+0.3 mg/L IBA 对走马胎的生根培养最有利。上述研究结果中各激素的用量存在较大差异，这与生根材料的前期培养所使用激素的种类和浓度，及培养代数有关，因此在实际操作时需要根据具体情况进行调整，才能获得理想效果。

（5）组培苗移栽。走马胎组培苗移栽可用椰糠：河沙 =2 ∶ 1 和园土∶泥炭∶珍珠岩 =3 ∶ 1 ∶ 1（体积比）的混合基质。由于走马胎叶片纸质，且薄，非常容易失水萎蔫甚至死亡，移栽时应特别注意水分管理。移栽后应及时加盖遮光度 70% ～ 85% 的遮阳网进行保湿，并注意通风。

三、以种子无菌萌发形成的幼芽胚轴为启动材料的培养方法

以种子无菌萌发形成的幼芽胚轴为启动材料，通过诱导形成不定芽并继代增殖的方式进行走马胎组织培养。

（1）选取生长饱满的走马胎种子，经表面消毒灭菌后加入浓度为 100 ～ 150 mg/L 的赤霉素水溶液，在温度为 35 ± 2 ℃、转速为 130 ～ 138 r/min 的摇床上浸泡 24 h，用无菌水清洗干净。将处理后的种子接种在 MS+0.5 ～ 1.0 mg/L 6–BA+0.1 ～ 0.2 mg/L NAA 萌发培养基中获得幼芽。

（2）切取幼芽胚轴接入不定芽诱导培养基 WPM+0.1 ～ 0.5 mg/L 6–BA+0.1 ～ 0.5 mg/L KT+0.1 ～ 0.2 mg/L NAA 中获得不定芽，再将不定芽切成带 1 ～ 2 个腋芽的小段，接入芽增殖培养基 WPM+0.1 ～ 0.5 mg/L 6–BA+0.01 ～ 0.05 mg/L ZT+0.01 ～ 0.1 mg/L NAA 中进行继代增殖培养。

（3）切取生长健壮、长 3 ～ 4 cm 的单芽接入生根培养基 WPM+0.1 ～ 1.0 mg/L NAA 中诱导生根。再将生根试管苗在湿度为 70% ～ 80% 的室内散射光下炼苗 10 d，洗净其根部培养基后移栽于经甲基托布津消毒的树皮∶火烧土∶园土 =1 ∶ 2 ∶ 2（体积比）的混合基质中，成活率为 66.7% ～ 82.5%。

上述培养条件为光照强度 800 ～ 1200 lx，光照时间每天 10 ± 1 h，温度 28 ± 2 ℃。

第四节　苗木分级及出圃

一、种子苗分级指标

走马胎种子苗分级指标见表 13–1 和表 13–2。

表13-1　1年生走马胎种子苗分级指标

等级	苗茎高度（cm）	地径（mm）	综合指标
Ⅰ	≥4.0	≥3.7	种源明晰，品种优良纯正，无感染，生长健壮，叶色正常，叶片自然展开
Ⅱ	3.0＜·＜4.0	3.0＜·＜3.7	
Ⅲ	≤3.0	≤3.0	

表13-2　2年生走马胎种子苗分级指标

等级	苗茎高度（cm）	地径（mm）	综合指标
Ⅰ	≥10.0	≥6.0	种源明晰，品种优良纯正，无感染，生长健壮，叶色正常，叶片自然展开
Ⅱ	6.0＜·＜10.0	3.8＜·＜6.0	
Ⅲ	≤6.0	≤3.8	

二、组培苗分级指标

根据苗茎高度、基径、茎基部长根数和根系平均长度将走马胎组培苗分为3个等级。低于Ⅲ级的不能作为商品种苗使用。分级指标见表13-3。

表13-3　走马胎组培苗分级指标

项目	等级		
	Ⅰ	Ⅱ	Ⅲ
苗茎高度（cm）	3≤·＜6	6≤·＜10	＜3
基径（mm）	≥3	2≤·＜3	＜2
茎基部长根数（条）	＞5	3≤·≤5	1≤·＜3
根系平均长度（cm）	3≤·＜5	1≤·＜3	＜1或≥5

三、组培驯化容器苗分级指标

根据地径、苗茎高度、＞5cm长的一级侧根数将健康的走马胎组培驯化容器苗分为3个等级。低于Ⅲ级的不能作为商品种苗使用。分级指标见表13-4。

表 13-4　走马胎组培驯化容器苗分级指标

项目	等级		
	Ⅰ	Ⅱ	Ⅲ
地径（mm）	≥ 0.8	0.4 ＜ · ＜ 0.8	0.2 ≤ · ≤ 0.4
苗茎高度（cm）	≥ 10	5 ＜ · ＜ 10	3 ≤ · ≤ 5
＞ 5 cm 长的一级侧根数（条）	≥ 10	5 ＜ · ＜ 10	3 ≤ · ≤ 5

四、苗木出圃

出圃时，应当注意不要伤到苗的根系。起苗前 2 d 可对苗床进行浇灌，以减少土壤由于板结而伤根的情况，可稍带泥团以利于保湿。最好在阴天起苗，防止苗木根系失水过多。

第十四章 走马胎高效栽培技术

一、栽植地选择和整地

选择土层深厚、质地疏松、富含腐殖质的山谷、林下或水旁阴湿地栽种，郁闭度30% ～ 50%，忌干旱和水涝。整地时，将地深耕 15 ～ 20 cm，捡去枯枝、石块和草根。

二、定植与基肥

按照株行距 60 cm×80 cm 的规格挖穴定植，每穴长宽深为 30 cm×30 cm×15 cm；每亩约 1400 株。定植前先将挖出的表土放入植穴内再加入基肥，基肥为腐熟的禽畜粪便 1 kg/ 穴，基肥与表土拌均匀后再加入少量泥土，每穴栽壮苗 1 株，定植时将种苗须根向四周扩展，填细土压紧，踏实，浇透定根水。定植后，在穴周插竿并盖上稻草。

三、栽植时间

2 ～ 4 月，选择阴雨天或多云天气，土壤湿润时种植。

四、栽植方法

（一）裸根苗栽植

栽植时应保持根系舒展，要求栽正、踩紧，培土高度高于苗木根颈处约 2 cm 为宜。

（二）容器苗栽植

种植时先用手捏一捏容器，再撕去塑料薄膜袋，尽量保持土团完整。栽植按回填表土、植苗、覆土、培土的程序操作，培土高度以高于容器苗原基质表面的 2 cm 为宜。

五、田间管理

（一）松土除草

栽植成活后，要及时松土除草，不能使用除草剂。除草在栽植后必须每年进行 2 次。2 ～ 3 月进行第一次，8 ～ 9 月进行第二次，并结合松土培土。发现有缺株，应及时补种，补种的植株要加强管理。

（二）施肥

合理施肥是走马胎增产的重要措施。一般每年追肥 2 次，第一次于早春芽萌动前后每株追施尿素 0.05 kg 或复合肥 0.1 kg，第二次于开花前每株追施复合肥 0.1 kg，增产效果显著。追肥时应结合中耕除草进行，在树冠周围开环状沟施入，施后用土盖肥并进行培土，厚 5 cm。如有条件，冬季结合培土，施一次有机肥，每株施 0.3 kg。

六、病虫害防治

目前发现走马胎的主要病害有青枯病和褐斑病等；主要虫害有地老虎、根结线虫等。防治方法以综合防治为主，化学防治为辅。综合防治包括做好种子、土壤消毒处理，及时排水防止内涝，发现病株及时清除，并用生石灰或高锰酸钾对病穴进行消毒，加强通风透气等。

（一）青枯病

为害部位为叶片和茎。症状：从植株顶部开始失水萎蔫，呈青枯状，并向下发展，直至植株中上部或整株死亡，剖开病茎可见维管束有褐斑。高温、高湿环境容易发病，5 ～ 7 月为高发期。防治方法：加强管理，采用高畦深沟播种，防止积水，及时拔除病株，病穴灌注 20% 石灰水消毒；发病初期喷 3% 中生菌素 600 ～ 800 倍稀释液，或 72% 硫酸链霉素可溶性粉剂 4000 倍稀释液喷雾；用噻菌铜、春雷霉素等浇根，每隔 7 ～ 10 d 用药 1 次，每株浇药液 200 ～ 250 g，连续 1 ～ 2 次。

（二）褐斑病

为害部位为叶片。症状：从叶片开始发病，病斑初期为圆形或椭圆形，紫褐色，严重时病斑可连成片，使叶片枯黄脱落。全年都可发生，但以高温高湿的多雨炎热夏季为害最重。防治方法：及时剪除病残体，减少初侵染源。加强管理，注意放风排湿，改善通风透气性能。喷洒 25% 多菌灵可湿性粉剂 300 ～ 600 倍稀释液、75% 甲基托布津 1000 倍稀释液或 75% 百菌清 1000 倍稀释液防治。

（三）地老虎

从地面处咬断植株或取食幼芽、子叶及嫩叶等，导致植株整体死亡。多于清晨为害。气温 14 ～ 26 ℃、相对湿度 80% ～ 90% 的 3 ～ 4 月和 8 ～ 10 月为害严重。防治方法：（1）物理防治：清除杂草、翻耕减少虫源，人工捕捉幼虫。（2）化学防治：用 50% 辛硫磷乳油（4.50 kg/hm²）拌细砂土（749.63 kg/hm²），在根旁开沟撒施药土，随即覆土；用 50% 辛硫磷乳油（3.0 ～ 4.5 kg/hm²）兑水 6000 ～ 7500 kg 灌根。（3）诱杀防治：用黑光灯、糖醋液或诱杀毒饵诱杀成虫。

（四）根结线虫

为害部位为根部。症状：侵害嫩根并繁殖，使根部肿大畸形，呈鸡爪状，并形成根结状肿瘤。通过带虫土或灌溉水传播，土温 25 ～ 30 ℃、湿度 40% ～ 70% 时繁殖快，为害严重。防治方法：做好土壤消毒减少虫源；用 10% 灭线灵、3% 米乐尔等颗粒剂，每亩 3 ～ 5 kg 均匀撒施后耕翻入土。

七、采收与加工

走马胎通常要种植 4 年以上才能采挖。第四年收获产量和活性成分含量都较高。收获时间全年均可进行，但以秋季采挖为宜，采挖时注意勿伤根皮，起挖后随即抖去泥土，洗净根部，晒干后按商品要求切成 5 ～ 10 cm 长的小段。

参考文献

［1］鲍海鸥，陈波菱，陈波红，等.江西紫金牛属植物资源状况和利用价值［J］.安徽农业科学，2011，39（14）：8474-8476.

［2］蔡时可，梅瑜，顾艳，等.走马胎的离体培养与快速繁殖［J］.广东农业科学，2019，46（10）：7-12.

［3］陈超，孙艳，董宪喆，等.走马胎中化合物AG4对人鼻咽癌细胞裸鼠移植瘤的影响［J］.中国药物应用与监测，2015，12（1）：12-15.

［4］陈锦兰，吴浩祥，胡锐红，等.走马胎中大叶紫金牛酚的分离鉴定与生物活性评价［J］.热带亚热带植物学报，2019，27（2）：203-207.

［5］陈振远.基于液质联用技术的脑心通胶囊和走马胎药材化学成分研究［D］.杭州：浙江中医药大学，2018.

［6］戴敏，周凌云.走马胎多糖含量测定及其提取工艺初步研究［J］.中国药业，2014，23（19）：47-49.

［7］戴卫波，董鹏鹏，梅全喜.走马胎及其混淆品的本草考证［J］.中药材，2017，40（9）：2221-2224.

［8］戴卫波，董鹏鹏，梅全喜.走马胎的化学成分、药理作用研究进展［J］.天然产物研究与开发，2018，30（4）：717-723.

［9］戴卫波，董鹏鹏，梅全喜，等.走马胎石油醚提取物抗类风湿性关节炎的作用机制［J］.中药材，2018，41（2）：472-476.

［10］戴卫波，董鹏鹏，田素英，等.走马胎及其混淆品红马胎的生药学对比研究［J］.中药材，2018，41（3）：573-577.

［11］戴卫波，吴凤荣，董鹏鹏，等.走马胎对类风湿性关节炎模型大鼠踝关节组织病理学的影响［J］.中药材，2017，40（5）：1203-1207.

［12］邓杰.壮医药综合疗法治疗类风湿性关节炎62例观察［J］.右江民族医学院学报，2008，30（4）：696-697.

［13］丁素君，张会芬.碘量法测定不同种类茶叶中的维生素C含量［J］.中国当代医药，2014，21（5）：156-157.

［14］董鹏鹏.走马胎抗类风湿性关节炎有效部位筛选研究［D］.广州：广州中医药大学，2017.

［15］杜泽乡.走马胎及其两种混伪品饮片的鉴别［J］.中药材，1995，18（4）：183-184.

[16] 封聚强, 黄志雄, 穆丽华, 等.走马胎化学成分研究 [J].中国中药杂志, 2011, 36 (24): 3463-3466.

[17] 冯美利, 李杰, 孙程旭, 等.不同树龄油棕营养元素含量及其年变化研究 [J].热带农业科学, 2012, 32 (10): 6-9.

[18] 符运柳, 徐立, 李志英, 等.走马胎离体培养及植株再生 [J].北方园艺, 2017 (4): 98-101.

[19] 谷永杰.走马胎三萜皂苷类化合物的分离及 Ag3 的生物转化研究 [D].张家口: 河北北方学院, 2014.

[20] 谷永杰, 穆丽华, 董宪喆, 等.走马胎中三萜皂苷成分 H1 对 6 株肿瘤细胞增殖及对 A549 肺癌细胞凋亡及细胞周期的影响 [J].中国实验方剂学杂志, 2014, 20 (10): 130-133.

[21] 谷永杰, 穆丽华, 刘屏, 等.走马胎生物转化产物 S1 的抗肿瘤活性及对 Bel-7402 肝癌细胞凋亡及细胞周期的影响 [J].中药药理与临床, 2018, 34 (3): 26-29.

[22] 广东省龙门县卫生战线革命委员会.龙门民间草药 [M].龙门: 广东省龙门卫生战线革命委员会印, 1970: 98.

[23] 广东省食品药品监督管理局.广东省中药材标准 [S].广州: 广东科技出版社, 2004: 101-104.

[24] 广西壮族自治区卫生厅.广西中药志 (第二辑) [M].南宁: 广西壮族自治区人民出版社, 1963: 98.

[25] 广西壮族自治区卫生厅.广西中药材标准 (1990 版) [M].南宁: 广西科学技术出版社, 1992: 58.

[26] 广西壮族自治区中国科学院广西植物研究所.广西植物志 (第三卷) [M].南宁: 广西科学技术出版社, 2011: 691.

[27] 广州部队后勤部卫生部.常用中草药手册 [M].北京: 人民卫生出版社, 1969: 336.

[28] 郭丽君, 唐凤鸾, 赵健, 等.走马胎不同类型材料的继代增殖及生根特征 [J].广西科学, 2020, 27 (4): 400-405.

[29] 国家中医药管理局《中华本草》编委会.中华本草 (第六册) [M].上海: 上海科学技术出版社, 1999: 62.

[30] 何鉴洪, 戴卫波, 廖强兵.响应面法优选走马胎总三萜的超声提取工艺研究 [J].中医药导报, 2018, 24 (11): 59-62.

[31] 何克谏.生草药性备要 [M].广州: 广东科技出版社, 2009: 41.

[32] 何龙生, 李啸天, 赵光武, 等.加速老化法在常规水稻种子活力测定中的应用 [J].江苏农业科学, 2019, 47 (7): 61-64.

［33］何志谦．人类营养学［M］.北京：人民卫生出版社，1988：156.

［34］贺珊，廖长秀，黄桂坤，等．走马胎活性组分抗肝癌作用研究［J］.中药材，2020，43（10）：2543–2547.

［35］贺珊，廖长秀，罗莹，等．走马胎抗肝癌活性部位的分离及其抗肝癌活性筛选［J］.广东医学，2019，40（12）：1689–1693.

［36］贺珊，廖长秀，罗莹，等．走马胎活性组分对肝癌 HepG2 细胞 DUSPs/MAPK 信号通路的影响［J］.中成药，2021，43（2）：344–349.

［37］贺珊，廖长秀，潘勇，等．走马胎水提取物对肝癌的抑制作用及其机制［J］.江苏医药，2018，44（4）：365–367，371.

［38］胡国强，袁媛，伍翀，等．不同发育阶段对黄芩生长及活性成分积累的影响［J］.中国中药杂志，2012，37（24）：3793–3798.

［39］胡真．山草药指南［M］.广州：广东科技出版社，2009：69.

［40］胡正海．药用植物的结构、发育与其主要药用成分积累关系的研究［J］.中国野生植物资源，2005，24（1）：8–12.

［41］黄家福．中西药合用治疗类风湿性关节炎疗效分析［J］.实用中医药杂志，2019，35（6）：686–687.

［42］黄敏玲，叶秀仙，陈诗林，等．鹤望兰叶片矿质营养特性及配方肥对其生长开花的影响［J］.吉林农业大学学报，2007，29（6）：652–655.

［43］黄永毅，谭秋兰，罗莹，等．走马胎醇提物镇咳祛痰作用实验研究［J］.右江民族医学院学报，2018，40（5）：427–428，440.

［44］黄云奉，刘屹，黄世友，等．不同林龄马尾松生长及生物量分配研究［J］.四川林业科技，2015，36（4）：72–75.

［45］江苏新医学院．中药大辞典（上册）［M］.上海：上海科学技术出版社，1977：1087.

［46］雷靖，孙冠利，庄木来，等．琯溪蜜柚园土壤肥力和叶片营养随树龄的变化［J］.中国土壤与肥料，2019（1）：166–172.

［47］雷宇阳，李霁，赵丽云，等．走马胎三萜皂苷合成相关基因表达分析［J］.广西植物，2022，42（9）：1473–1479.

［48］李金贵，卢钰荣，龚永新．不同叶龄的茶树鲜叶中元素动态变化分析［J］.湖北农业科学，2018，57（23）：98–99.

［49］李坤，毛纯，刘军，等．LED 光质对走马胎生长和生理及活性成分含量的影响［J］.西北植物学报，2022，42（5）：819–828.

［50］李群芳，娄方明，段兴丽，等．气相色谱－质谱联用法测定走马胎挥发油成分［J］.时珍国医国药，2009，20（11）：2883–2884.

［51］李森辉，董鹏鹏，戴卫波，等．广西不同产地走马胎总三萜的含量测定［J］.中国

民族民间医药，2018，27（1）：33-36.

[52] 李顺保.中药别名速查大辞典［M］.北京：学苑出版社，1996：994.

[53] 李雁群，吴鸿.药用植物生长发育与有效成分积累关系研究进展［J］.植物学报，2018，53（3）：293-304.

[54] 李云仙，郑志峰，刘琳，等.五种柑橘类水果矿质元素的测定［J］.食品工业，2016，37（7）：281-284.

[55] 梁建丽.广西民族药材走马胎、血党质量标准实验研究［D］.南宁：广西中医药大学，2016.

[56] 梁威，屈信成，宋志钊，等.走马胎的质量标准研究［J］.临床医学研究与实践，2016，1（13）：106-107.

[57] 刘艳方.走马胎有效成分的提取及走马胎多糖对 SD 大鼠体内血栓形成影响的初步研究［D］.雅安：四川农业大学，2009.

[58] 龙杰超，冯军，刘布鸣，等.种植与野生走马胎的化学成分差异分析［J］.广西科学院学报，2016，32（4）：275-277，293.

[59] 龙杰超，徐传贵，韦贵元，等.中药走马胎研究进展［J］.中医药导报，2017，23（21）：75-78，81.

[60] 龙智忠.侗药走观合剂治疗骨质增生症48例［J］.中国民族医药杂志，2007，13（11）：13-14.

[61] 娄方明，李群芳，张倩茹，等.微波辅助水蒸气蒸馏走马胎挥发油的研究［J］.中药材，2010，33（5）：815-819.

[62] 卢文杰，王雪芬，陈家源，等.大叶紫金牛化学成分的研究［J］.华西药学杂志，1990，5（3）：136-138.

[63] 毛世忠，唐文秀，骆文华，等.广西紫金牛属药用植物资源及可持续利用初探［J］.福建林业科技，2010，37（2）：119-126.

[64] 毛世忠，赵博，蒋小华，等.林下不同光照条件对走马胎苗木生长及光合特性的影响［J］.西北林学院学报，2016，31（1）：21-24.

[65] 穆丽华，刘屏，姚成东，等.HPLC-ELSD 同时测定走马胎中3种三萜皂苷含量［J］.现代中药研究与实践，2013，27（6）：13-16.

[66] 穆丽华，张静，刘屏.走马胎三萜皂苷衍生物的生物转化制备及其抗肿瘤活性研究［J］.中草药，2018，49（6）：1266-1271.

[67] 穆丽华，赵海霞，龚强强，等.走马胎中的三萜皂苷类成分及其体外抗肿瘤活性研究［J］.解放军药学学报，2011，27（1）：1-6.

[68] 南京中医药大学.中药大辞典（上册）（第二版）［M］.上海：上海科学技术出版社，2006：1437.

［69］倪杨，史玉琴，石磊，等.北京地区六种主产水果矿质元素含量分析及初步膳食风险评估［J］.食品工业科技，2020，41（13）：307-314.

［70］潘鸿江.潮汕青草药彩色全书［M］.汕头：汕头大学出版社，2002：128.

［71］潘正伟，和贵祥，罗红伟，等.不同环境对滇皂荚种子发芽率及幼苗长势的影响［J］.乡村科技，2022，13（18）：105-107.

［72］彭跃钢.类风湿性关节炎中医药治疗进展［J］.广西中医药，2006，29（4）：1-3.

［73］丘翠嫦，陈少锋，周丽娜，等.瑶药走马风的生药学研究［J］.中国民族医药杂志，1997，3（1）：39-40.

［74］曲媛，刘英，黄璐琦，等.三七地上部分营养成分分析与评价［J］.中国中药杂志，2014，39（4）：601-605.

［75］申宝山，李玉环，王慎明.中药熏洗治疗类风湿性关节炎［J］.山西中医，2005，21（1）：33.

［76］沈诗军.走马胎提取液对机体内血栓形成影响的研究［D］.雅安：四川农业大学，2008.

［77］沈诗军，周定刚，黎德兵.走马胎提取液体内抗血栓作用研究［J］.时珍国医国药，2008，19（9）：2224-2226.

［78］舒夏竺，周建芬，刘德浩，等.不同处理方式对长叶竹柏种子萌发的影响研究［J］.林业科技，2022，47（1）：1-3.

［79］宋曙辉，王文琪，唐晓伟，等.有机蔬菜的营养成分分析［J］.安徽农业科学，2009，37（7）：2917-2919.

［80］宿树兰，李永辉，欧阳臻，等.紫金牛属药用植物中三萜皂苷成分的研究进展［J］.中药材，2003，26（2）：144-148.

［81］唐凤鸾，郭丽君，赵健，等.培养基及接种材料对走马胎瓶苗生根和移栽的影响［J］.江苏农业科学，2020，48（19）：30-34.

［82］唐凤鸾，梁英艺，孙菲菲，等.走马胎叶片营养成分分析及栽培年限差异比较［J］.广西植物，2022，42（9）：1466-1472.

［83］唐凤鸾，颜小捷，梁英艺，等.栽培年限对走马胎生长及有效成分含量的影响［J］.广西科学，2021，28（4）：409-415.

［84］唐凤鸾，赵健，赵志国，等.走马胎的组织培养与快速繁殖［J］.植物学报，2019，54（3）：378-384.

［85］唐文秀，骆文华，隗红燕，等.萘乙酸对野生药用植物走马胎扦插繁殖的影响［J］.江苏农业科学，2010（4）：241-243.

［86］唐亚平.中药走马胎治疗类风湿性关节炎的临床观察［J］.四川中医，2007，25（1）：54-55.

［87］童兰艳，余文琴，朱玲玲，等.蔬菜和水果中维生素C含量测定及其稳定性［J］.食品工业，2020，41（5）：87-89.

［88］汪成忠，马菡泽，宋志平，等."凤丹"生物量分配的季节动态及其受株龄和遮荫的影响［J］.植物科学学报，2017，35（6）：884-893.

［89］汪宏亮，夏建红，张文辉，等.不同中药材浸提液对5种中药材种子发芽率影响研究［J］.中国种业，2023（4）：76-78，83.

［90］王海洋，汤小虎，聂辉.民族医药治疗痹证的方药研究概况［J］.中国民族民间医药，2017，26（13）：56-69.

［91］王强，陈国华，陈冬怡，等.民族药用植物走马胎快繁技术［J］.农业工程，2019，9（4）：104-110.

［92］王延华，范荣波，周霞，等.不同贮藏方式对5种水果中维生素C和总糖含量的影响［J］.食品工业，2020，41（11）：305-307.

［93］王拥军.浅谈瑶医古方与痛经的辨证施治［J］.中国民族医药杂志，2009，15（7）：35.

［94］韦炳智.民间医药秘诀［M］.南宁：广西民族出版社，1989：89.

［95］魏蓉.环境因子对走马胎生物量及皂苷含量的影响［D］.广州：仲恺农业工程学院，2017.

［96］魏蓉，王强，钟平生，等.广东南雄走马胎群落特征研究［J］.中草药，2018，49（6）：1430-1436.

［97］魏蓉，王文涛，李远球，等.土壤因子对走马胎药材质量影响的研究［J］.中药材，2022，45（10）：2297-2303.

［98］魏蓉，贠建全，谢思明，等.走马胎资源与利用研究进展［J］.广东林业科技，2015，31（5）：94-98.

［99］邬家林.紫金牛属中药原植物的本草考证［J］.中药通报，1986，11（3）：14-18.

［100］吴明忠，李伟居，吴东生.化骨汤治疗风湿性关节炎临床观察［J］.中国骨伤，2004，17（5）：288.

［101］肖妮洁，王博，邓丽丽，等.药食同源植物羊乳种子萌发影响因素研究［J］.中国野生植物资源，2022，41（5）：18-22.

［102］萧步丹.岭南采药录［M］.香港：万里书店，2003：200.

［103］谢国材，肖巧卿.彩图中国百草良方［M］.汕头：汕头大学出版社，2000：195.

［104］邢磊，段娜，李清河，等.白刺不同物候期的生物量分配规律［J］.植物生态学报，2020，44（7）：763-771.

［105］熊惠江，杜诗兴，李燕.苗药天王酒治疗骨质增生270例疗效观察［J］.中国民族医药杂志，2008，14（9）：6-7.

［106］徐瑾，叶爱英，丁敬敏．百合中氨基酸组成测定与营养功能分析［J］．氨基酸和生物资源，2011，33（3）：18-20.

［107］许勇章．内外合治类风湿性关节炎208例［J］．山西中医，2009，25（10）：16.

［108］闫荣玲，廖阳，黄玉钱，等．油茶叶片营养元素、叶脉密度及生理指标随树龄变化规律及其与产量的相关性［J］．广西植物，2016，36（8）：980-985.

［109］杨碧仙，胡奇志，胡馨，等．苗药走马胎超临界 CO_2 流体萃取物中挥发性成分的GC-MS分析［J］．中国实验方剂学杂志，2012，18（22）：127-131.

［110］杨广，赖祥林．风湿性关节炎的治疗与康复［J］．内蒙古中医药，2011，30（16）：7-8.

［111］杨圣金．侗药治疗痛风性关节炎37例［J］．中国民族医药杂志，2007，13（2）：47.

［112］杨天友，李刚凤，罗静，等．梵净山白茶营养成分分析与评价［J］．南方农业学报，2016，47（6）：1009-1013.

［113］杨天友，杨传东．余庆小叶苦丁茶营养成分及生物活性分析［J］．食品工业，2020，41（8）：323-327.

［114］杨竹，黄敬辉，王乃利，等．走马胎中新的岩白菜素衍生物的提取分离及体外抗氧化活性测定［J］．沈阳药科大学学报，2008，25（1）：30-34.

［115］姚鑫，周桂生，唐于平，等．不同产地及株龄果用银杏叶中总银杏酸含量的比较［J］．植物资源与环境学报，2012，21（4）：108-110.

［116］姚志仁，李豫，曾铁鑫，等．走马胎乙酸乙酯部位对HepG2细胞凋亡的影响［J］．中药材，2020，43（8）：2003-2006.

［117］于耀泓，林熙，谭锦豪，等．岭南地区林药复合系统五种药用植物生理生态适应性研究［J］．中药材，2022，45（12）：2798-2804.

［118］禹建春，张利群，李勇，等．走马胎与羊踯躅的真伪鉴别［J］．海峡药学，2011，23（12）：49-50.

［119］张传耀，莫佳佳，王翔．走马胎槲皮素提取工艺研究及含量测定［J］．世界最新医学信息文摘，2016，16（78）：139-140.

［120］张静．走马胎中三萜皂苷Ag3的生物转化及其产物抗肿瘤活性研究［D］．晋中：山西中医学院，2016.

［121］张青槐，高慧，庞宇舟．壮医治疗类风湿性关节炎的研究进展［J］．中国民族医药杂志，2016，22（8）：59-61.

［122］张青青，甄丹丹．壮药治疗风湿类疾病的研究概况［J］．中国民族民间医药，2020，29（6）：40-45.

［123］张贤忠，刘铁兵，郭小青，等．茶叶中蛋白质含量的测定［J］．安徽农业科学，2013，41（21）：9058-9059.

［124］张晓明．走马胎（*Ardisia gigantifolia* Stapf）活性成分的研究［D］.沈阳：沈阳药科大学，2004.

［125］张译敏，庞宇舟．壮医外治疗法治疗类风湿关节炎的研究进展［J］.中国民族医药杂志，2020，26（5）：64-66.

［126］章润菁，李倩，屈敏红，等．不同产地、生长年限和种质的巴戟天药材寡糖含量分析［J］.中国药学杂志，2016，51（4）：315-320.

［127］赵其光．本草求原［M］.广州：广东科技出版社，2009：41.

［128］赵学敏．本草纲目拾遗［M］.北京：中国中医药出版社，1998：128.

［129］郑小丽，董宪喆，穆丽华，等．走马胎中皂苷成分AG4对MCF-7肿瘤细胞增殖的影响及机制研究［J］.中国药理学通报，2013，29（5）：674-679.

［130］中国科学院中国植物志编辑委员会．中国植物志·第五十八卷［M］.北京：科学出版社，1979：93.

［131］钟鸣，韦松基．常用壮药100种［M］.南宁：广西民族出版社，2013：23.

［132］周泽建．民族药用植物走马胎化学成分及其药理研究进展［J］.广西农学报，2017，32（1）：50-53.

［133］周泽建．响应面优化酸性染料法测定走马胎总生物碱含量条件［J］.广西民族大学学报（自然科学版），2019，25（1）：87-91.

［134］周泽建．林药复合种植走马胎植物生长与生理生态特性［D］.北京：中央民族大学，2020.

［135］周泽建，冯金朝．走马胎灰分对光的响应特征及其与生长指标的相关性［J］.热带亚热带植物学报，2024，32（1）：111-117.

［136］周泽建，刘妮妮，伍冰倩，等．3种速生树种落叶水浸提液对走马胎幼苗生长的化感效应［J］.植物研究，2018，38（4）：568-574.

［137］周泽建，朱丽清，邓利，等．尾叶桉落叶水提取液对走马胎幼苗生长及生理生化的影响［J］.浙江林业科技，2017，37（4）：60-65.

［138］DAI W B, LI H N, DONG P P, et al. Screening of Anti-inflammatory and analgesic parts of *Ardisia gigantifolia* stapf and its toxicological safety study ［J］. Medicinal Plant, 2018, 9（6）：28-32.

［139］DAI W B, LUO Q, PENG W J, et al. Research progress on pharmacological effects of *Ardisia gigantifolia* Stapf, a traditional Chinese medicine with Lingnan Characteristics ［J］. Medicinal Plant, 2022, 13（2）：82-86.

［140］DONG X Z, XIE T T, ZHOU X J, et al. AG4, a compound isolated from *Radix Ardisiae Gigantifoliae*, induces apoptosis in human nasopharyngeal cancer CNE cells through intrinsic and extrinsic apoptosis pathways ［J］. Anti-Cancer

Drugs, 2015, 26（3）: 331−342.

［141］GIRI A, DHINGRA V, GIRI C C, et al. Biotransformations using plant cells, organ cultures and enzyme systems: current trends and future prospects ［J］. Biotechnol Adv, 2001, 19（3）: 175−199.

［142］GONG Q Q, MU L H, LIU P, et al. New triterpenoid sapoin from *Ardisia gigantifolia* Stapf［J］. Chin Chem Lett, 2010, 21（4）: 449−452.

［143］LI Y Q, KONG D X, LIN X M, et al. Quality evaluation for essential oil of *Cinnamomum verum* leaves at different growth stages based on GC−MS, FTIR and microscopy［J］. Food Anal method, 2016, 9（1）: 202−212.

［144］LIU H W, ZHAO Y S, YANG R Y, et al. Four new 1,4−benzoquinone derivatives and one new coumarin isolated from *Ardisia gigantifolia*［J］. Helv Chim Acta, 2010, 93（2）: 249−256.

［145］MAO S Z, LI J J, JIANG X H, et al. Efficiency of ISSR markers in assessing genetic diversity and elationships in *Ardisia gigantifolia* germplasm［J］. Guihaia, 2017, 37（1）: 29−35.

［146］MU L H, FENG J Q, LIU P. A new bergenin derivative from the rhizome of *Ardisia gigantifolia*［J］. Natural Product Research, 2013, 27（13/15）: 1242−1245.

［147］MU L H, HUANG C L, ZHOU W B, et al. Methanolysis of triterpenoid saponin from *Ardisia Gigantifolia* Stapf and structure−activity relationship study against cancer cells［J］. Bioorg & Med Chem Lett, 2013, 23（22）: 6073−6078.

［148］MU L H, WANG L H, WANG Y N, et al. Antiangiogenic effects of AG36, a triterpenoid saponin from *Ardisia gigantifolia* Stapf［J］. Journal of Natural Medicines, 2020, 74（4）: 732−740.

［149］SU J H, XU J H, LU W Y, et al. Enzymatic transformation of ginsenoside Rg_3 to Rh_2 using newly isolated *Fusarium proliferatum* ECU2042［J］. J Mol Catal B Enzym, 2006, 38（2）: 113−118.

［150］YANG Z, WEN P, WANG N L, et al. Two new phenolic compounds from *Ardisia gigantifolia*［J］. Chinese Chemical Letters, 2008, 19（6）: 693−695.

［151］ZHAN J X, GUO H Z, DAI J G, et al. Microbial transformations of artemisinin by Cunninghamella echinulata and Aspergillus niger［J］. Tetrahedron Lett, 2002, 43（25）: 4519−4521.